职业教育"十三五"改革创新规划教材

计算机录入技术

赵君　金玮　主编

侯海鸿　副主编

清华大学出版社

北　京

内 容 简 介

本书是职业教育"十三五"改革创新规划教材,依据教育部 2014 年颁布的《中等职业学校计算机应用专业教学标准》中"计算机录入技术"课程的"主要教学内容和要求",并参照相关的国家职业技能标准编写而成。

本书主要内容包括计算机键盘与指法练习,英文录入,五笔字型输入法,高效文字录入,Word 2010 基础应用,Word 2010 提高应用。

本书可作为中等职业学校计算机类专业及相关专业学生的教材,也可作为岗位培训用书。

图书在版编目(CIP)数据

计算机录入技术/赵君,金玮主编.—北京:清华大学出版社,2016(2022.8 重印)
(职业教育"十三五"改革创新规划教材)
ISBN 978-7-302-45343-7

Ⅰ. ①计… Ⅱ. ①赵… ②金… Ⅲ. ①文字处理－职业教育－教材 Ⅳ. ①TP391.1

中国版本图书馆 CIP 数据核字(2016)第 260906 号

责任编辑:刘士平
封面设计:张京京
责任校对:李 梅
责任印制:朱雨萌

出版发行:清华大学出版社
  网 址:http://www.tup.com.cn,http://www.wqbook.com
  地 址:北京清华大学学研大厦 A 座   邮 编:100084
  社 总 机:010-83470000   邮 购:010-62786544
  投稿与读者服务:010-62776969,c-service@tup.tsinghua.edu.cn
  质量反馈:010-62772015,zhiliang@tup.tsinghua.edu.cn
  课件下载:http://www.tup.com.cn,010-83470410
印 装 者:三河市龙大印装有限公司
经 销:全国新华书店
开 本:185mm×260mm 印 张:8.5   字 数:191 千字
版 次:2016 年 12 月第 1 版   印 次:2022 年 8 月第 7 次印刷
定 价:29.00 元

产品编号:068764-02

本书是职业教育"十三五"改革创新规划教材，依据教育部 2014 年颁布的《中等职业学校计算机应用专业教学标准》中"计算机录入技术"课程的"主要教学内容和要求"，并参照相关的国家职业技能标准编写而成。通过本书的学习，可以使学生掌握必备中英文录入方法与技巧、高效录入方法、Word 的知识与技能。本书在编写过程中吸收企业技术人员参与教材编写，紧密结合工作岗位，与职业岗位对接；选取的案例贴近生活、贴近生产实际；将创新理念贯彻到内容选取、教材体例等方面。

本书配套有电子教案、多媒体课件等丰富的教学资源，可免费获取。

本书立足职业教育，突出实用性和指导性，从实际出发，以任务驱动、案例教学为主要方式，较全面地介绍中英文录入方法与技巧、高效录入方法、Word 的知识与技能。内容紧扣教学标准，力求降低知识点的难度，具有概念清晰、系统全面、精讲多练、实用性强和突出技能培训等特点。

本书内容通俗易懂、带有趣味性、任务明确、指导性强，适应培养高素质劳动者需要，同时以就业为导向，既突出学生职业技能的培养，又保证学生掌握必备的基本理论知识，使学生达到既会操作，又懂得基本的操作原理知识。例如，在计算机键盘与指法练习中，为了避免学生们由于长时间练习而单调枯燥，通过游戏练习指法，吸引学生兴趣，激发学生的热情和相互竞争意识。在五笔字型录入方法中，增加了高效录入技巧，如手写录入、听打录入等，使学生所学知识更加全面、具体。在 Word 2010 讲解中，本书紧密联系学生工作岗位需要，制定了制作员工档案表、制作培训通知、制作公司岗位说明书等任务，突出了实用性。

本书建议学时为 96 学时，具体学时分配见下表。

项目	建议学时	项目	建议学时	项目	建议学时
项目 1	8	项目 3	32	项目 5	18
项目 2	8	项目 4	18	项目 6	12
总计			96		

　　本书由赵君、金玮担任主编,侯海鸿担任副主编。本书在编写过程中参考了大量文献资料,在此向文献资料的作者致以诚挚的谢意。由于编写时间及编者水平有限,书中难免有错误和不妥之处,恳请广大读者批评指正。了解更多教材信息,请关注微信订阅号:Coibook。

编　者

2016 年 4 月

CONTENTS

目 录

项目 1

计算机键盘与指法练习

 情景导入

　　小雪去找小洁玩，看着小洁在计算机前熟练地打字，而且没有看键盘，惊讶地问："小洁，你打字不看键盘，还特别快，是怎么做到的？"

　　小洁不慌不忙地回答："那是因为我对键盘了如指掌，还掌握了正确的指法，实现了盲打！"

　　小雪想想自己的打字速度那么慢，就问小洁："盲打难吗？"

　　小洁回答说："一点儿也不难，只要牢记主键盘区域中每个键位分布情况，掌握正确的指法，就能实现盲打了！"

　　小雪说："原来如此，你能教教我吗？"

　　小洁："当然可以了，我们第一步先了解一下键盘的结构布局，并且练习一下指法。"

任务 1　键盘的结构布局

　　键盘是计算机必备的输入设备，人们可以通过它与计算机进行"对话"。因此，掌握键盘的结构是学习打字的第一步，下面我们了解一下键盘的结构。

一、任务目标

本任务的目标是掌握键盘的结构，了解各按键的作用，学会正确使用键盘。

二、相关知识

　　键盘由一系列键位组成，每个键位上都有标记，代表这个键位的名称。最早的键盘只有 84 键，如今键盘的种类越来越多。根据键位总数来划分，可分为 101 键盘、103 键盘、

104 键盘和 107 键盘。

　　下面以 104 键盘为例介绍键盘的各个区域,键盘包括功能键区、主键盘区、编辑控制区和数字键和状态指示区,如图 1-1 所示。

功能键区 　　　　　　　　　　　　　　　　　　　　状态指示区

主键盘区 　　　　　　　　　控制键区 　　数字键区

图 1-1　104 键盘

（一）功能键区

　　功能键区主要分布在键盘的最上一排,其中包括 Esc 键、F1～F12 键、Print Screen键、Scroll Lock 键和 Pause 或 Break 键。在不同的软件中,可以对功能键进行定义,或者是配合其他键进行定义,起到不同的作用,如图 1-2 所示。

图 1-2　功能键区

　　(1) Esc:取消键,位于键盘的左上角。Esc 是英文 Escape(取消)的缩写,在许多软件中它被定义为退出键,一般用作脱离当前操作或当前运行的软件。

　　(2) F1～F12:功能键,一般软件都是利用这些键来充当软件中的功能热键。例如,用 F1 键寻求帮助。

　　(3) Print Screen:屏幕硬拷贝键,在打印机已经联机的情况下,按下该键可以将计算机屏幕显示的内容通过打印机输出。还可以将当前屏幕的内容复制到剪贴板。

　　(4) Scroll Lock:屏幕滚动显示锁定键,目前该键已经很少用到了。

　　(5) Pause 或 Break:暂停键,按该键,能使计算机正在执行的命令或应用程序暂时停止工作,直到按下键盘上的任意一个键则继续。另外,按 Ctrl＋Break 组合键,可中断命令的执行或程序的运行。

（二）主键盘区

　　(1) 主键盘区位于功能键区的下方,各键上标有英文字母、数字和符号等,该区是操作计算机时使用频率最高的键盘区域,该区分为字母键、数字键、符号键和控制键,如图 1-3 所示。

　　(2) 字母键:A～Z 共 26 个字母键。在字母键的键面上标有大写英文字母 A～Z,每个键可打大小写两种字母。

图 1-3　主键盘

（3）数字（符号）键：包含数字、运算符号、标点符号和其他符号，每个键面上都有上下两种符号，也称双字符键，可以显示标号和数字。上面的一行称为上挡符号，下面的一行称为下挡符号。

（4）Caps Lock：大写字母锁定键，也叫大小写换挡键，位于主键盘区最左边的第三排。每按一次大写字母锁定键，英文大小写字母的状态就改变一次。例如，现在输入的都是英文小写字母，按一下大写字母锁定键之后，输入的就是英文大写字母，再按一下大写字母锁定键，输入的又变成小写字母。

（5）Shift：上挡键，也叫换挡键，位于主键盘区的第四排，左右各有一个，用于输入双字符键中的上挡符号。主键盘区的数字（符号）键，键盘上标有上、下两种字符，叫作双字符键，如果直接按下双字符键，屏幕上显示的是下面的那个字符。如果想显示上面的那个字符，可以按住 Shift 键的同时，按下所需的双字符键。例如，想要输入一个"？"，先按住 Shift 键不放，然后按下问号键，屏幕上就会显示"？"。

（6）Ctrl：控制键，Ctrl 是英文 Control（控制）的缩写，位于主键盘区的左下角和右下角。该键不能单独使用，需要和其他键组合使用，能完成一些特定的控制功能。操作时，先按住 Ctrl 键不放，再按下其他键，在不同的系统和软件中完成的功能各不相同。

（7）Alt：转换键，Alt 是英文 Alternate（转换）的缩写，位于空格键的两侧。Alt 键与 Ctrl 键一样，也不能单独使用，需要和其他键组合使用，可以完成一些特殊功能，在不同的工作环境下，转换键转换的状态也不同。

（三）编辑控制键区

编辑控制键区位于主键盘区与数字键区之间，由 13 个键组成。在文字的编辑中有着特殊的控制功能，如图 1-4 所示。

（1）Page Up（向上翻页键）：按下这个键可以使屏幕向前翻一页。

（2）Page Down（向下翻页键）：按下这个键可以使屏幕向后翻一页。

（3）Home：按一下这个键可以使光标快速移动到本行的开始。

（4）End：按一下这个键可以使光标快速移动到本行的末尾。

（5）Insert（插入键）：按一下这个键可以改变插入与改写状态。

（6）Delete（删除键）：删除光标所在位置上的字符。

（7）方向键：按下这四个键，可以使光标在屏幕内上、下、左、右移动。

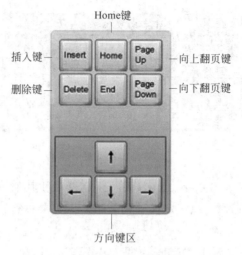

图 1-4　编辑控制键区

（四）数字键区

（1）数字键区位于键盘的右下角，又称小键盘区。该键区兼有数字键和编辑键的功能。其中包括数字键、Enter 键、光标移动键、符号键及 Num Lock 键等 17 个键，如图 1-5 所示。

图 1-5　数字键区

（2）Num Lock(数字锁定键)：位于小键盘区的左上角，相当于上挡键的作用。当 Num Lock 提示灯亮时，表示数字键区的上挡位字符数字输入有效，可以直接输入数字；再按一下 Num Lock 键，指示灯灭，其下挡位编辑键有效，用于控制光标的移动。

（3）插入键：它是一个双字符键，上挡键是数字 0，下挡键是插入键，功能与控制键区的插入键相同。

（4）运算符号键：包括加（＋）、减（－）、乘（＊）、除（/）运算符。

（5）Enter：也叫小回车键，与主键盘区的回车键功能相同。

任务2　练习键盘

进行文字录入操作时,对双手的手指进行严格分工可以提高敲击键盘的效率,从而提高打字的速度。

一、任务目标

本任务的目标了解正确的打字姿势,掌握正确键位指法,即明确双手手指具体负责敲击的键位。经过有效的记忆和科学的练习,最终达到"运指如飞"的效果。

二、相关知识

养成良好的打字姿势和正确的键位指法习惯,才能在操作键盘的过程中提高打字的速度。

(一)正确的打字姿势

打字之前一定要端正坐姿,正确的打字姿势不仅能提升打字的速度,更重要的是保护视力和身体健康。正确的打字姿势如图1-6所示,包括以下几点。

图1-6　正确的打字姿势

(1)椅子高度适当,眼睛稍向下倾视显示器,距离显示器30cm左右,以免损伤眼睛。身体端正,两脚自然平放于地面,身体与键盘的距离大约20cm。

(2)两臂自然下垂,两肘贴于腋边,手腕平直,不可弯曲,以免影响击键速度。

(3)录入文字时,文稿应置于计算机桌的左侧,以便查看。

(二)正确的键位指法

了解正确的打字姿势后,在操作键盘之前首先应学习手指在键盘上的具体位置。

1．基准键

基准键位于主键区正中央，有8个基本键，即左边的"A、S、D、F"键，右边的"J、K、L、；"键，其中的F、J两个键上都有一个小的凸起，以便于盲打时手指能通过触觉定位，如图1-7所示。

图1-7　基准键位

2．手指分工

除了8个基准键以外，剩余键位的手指分工如图1-8所示。每个键位都要用规定的手指进行敲击。

左手小指　无名指　中指　左手食指　右手食指　无名指　中指　右手小指

图1-8　键位的手指分工

（三）击键要领

要想准确、快速地录入文字，掌握击键要领并养成良好的击键习惯十分重要。这里根据文字录入人员和学校教师的实际经验，总结了以下几种击键方法。

（1）手指自然弯曲放于基准键位上，击键时手指轻轻用力，而不是手腕用力。

（2）左手击键时，右手手指应放在基准键位上保持不动；右手击键时，左手手指应放在基准键位上保持不动。击键后，手指要迅速返回到相应的基准键位。

（3）击键时不要长时间按住一个键不放，击键要迅速。

（4）基准键的击法。

敲击K键的方法：将双手手指轻放在基准键位后，提起右手中指离键盘约2cm，向下击键时中指向下弹击 K 键,右手其他手指同时稍向上弹开即可完成击键操作。

其他键的敲击方法与此类似,可以尝试击打。

（5）非基准键的击法。

敲击 W 键的方法:提起左手无名指离键盘约 2cm,然后稍向前移,同时用无名指向下弹击 W 键,同一时间其他手指上弹开,击键后无名指迅速返回基准键位,注意右手在整个击键过程中要保持不动。

（四）金山打字通

金山打字通(TypeEasy)是一款功能齐全、数据丰富、界面友好,集打字练习和测试于一体的打字软件。针对用户水平可以定制个性化的练习课程,每种输入法均从易到难提供单词(音节、字根)、词汇以及文章可以进行循序渐进练习,并且辅以打字游戏,如图 1-9 所示。

图 1-9　金山打字通 2013 界面

三、任务实施

（一）练习基准键位

基准键位是击键的主要参考位置,通过练习可快速熟悉基准键位的位置和键盘指法,为打字录入奠定坚实的基础,如图 1-10 所示。

（二）练习其他键位

熟悉基准键位后,继续在"字母键位"界面中练习基准键位以外的其他键位。练习过程中不看键盘,规范指法和动作,如图 1-11 所示。

（三）练习数字键位

在主键盘区和小键盘区都有数字键位,对于经常使用小键盘的用户,可以专门对小键

图 1-10　练习基准键位

图 1-11　练习其他键位

盘进行数字键位的练习,如图 1-12 所示。

(四)练习符号键位

标点符号也是打字过程中不可缺少的元素之一,要灵活掌握使用 Shift 键输入上挡字符,如图 1-13 所示。

图 1-12　练习数字键位

图 1-13　练习符号键位

（五）通过游戏练习指法

在金山打字通 2013 中试玩一下游戏，在玩游戏的过程中可以进一步提高对字母键位的熟悉程度，同时可以锻炼用户的反应能力，增强打字兴趣，如图 1-14 所示。

图 1-14　打字游戏的界面

实训1　录入练习

【实训要求】

完成所有的键位练习课程后，对键盘上各键位的布局应基本掌握，同时对键位指法也能熟练运用。本实训将在记事本中录入如图 1-15 所示的文档，要求录入过程中严格按照正确的键位指法进行盲打操作。限时 8min，正确率为 100%。

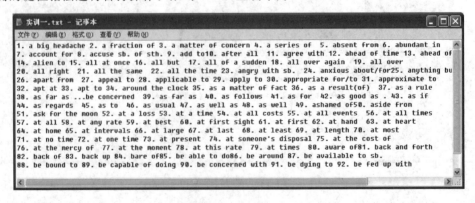

图 1-15　综合练习

【实训思路】

首先调整好打字姿势,然后启动计算机中"记事本"程序,严格按照前面学习的键位指法进行录入练习。对于文档中的数字字符,可直接利用小键盘进行录入,这样可以提高录入速度。

步骤1:选择开始—所有程序—附件—记事本命令,启动"记事本"程序。

步骤2:录入字符内容。在录入过程中尽量不看键盘,训练盲打。每个单词之间的空格可以利用 Space 键进行录入。需要换行时直接敲击 Enter 键。

实训2 通过金山打字通2013进行综合练习

【实训要求】

字母和数字录入速度达到 30 个/分钟,正确率达到 95%,符号键位录入达到 20 个/分钟,正确率达到 95%。

【步骤提示】

本实训将分别通过"字母键位""数字键位""符合键位"的"过关测试"进行练习,"过关测试"功能有每分钟字数和正确率的要求,所以要保证一定的速度。

步骤1:启动"金山打字通2013"后,在"新手入门"界面中单击"字母键位"按钮,打开"字母键位"界面。

步骤2:单击"测试模式"按钮,打开"字母键位过关测试"界面,如图 1-16 所示。

图 1-16 字母键位过关测试

步骤3:根据上方的字母对应按键即可完成录入,测试时,进入"大写字母锁定"状态后再开始录入。

步骤4：测试完成后，系统会自动打开过关对话框，如图1-17所示。

图1-17　字母键位测试过关

步骤5：单击"测试模式"按钮，打开"数字键位过关"。

步骤6：根据上方的数字对应按键即可完成录入，因为是纯数字组合，建议使用小键盘录入。

步骤7：测试完成后，系统会自动打开过关提示对话框，打开"符号键位"界面。

项目 2

英文录入

 **情景导入**

小洁：小雪，你对键盘布局和指法规范的知识学习得怎么样了？

小雪：我现在已经完全掌握了，小洁，什么时候能教我打字？

小洁：不要着急，打字可分为英文打字和中文打字两种方式，现在要先从最简单的英文打字开始学习。

小雪：太棒了，自从学会了正确的键位指法后，每天都会坚持练习录入英文字母，我越来越喜欢文字录入了。

小洁：没想到你这么喜欢打字。前面的练习已经奠定了一定英文录入基础，接下来就从录入单词开始学习，然后再练习文章的录入。

小雪：好的，我已经迫不及待了！

任务 1 练习录入英文词句

英文词句在录入工作中十分常见。英文字母录入练习主要是提高用户对键盘和指法的熟悉程度，为了进一步提升英文字母的综合录入能力，下面将对英文词句进行录入练习。

一、任务目标

本任务将练习使用金山打字通 2013 录入英文语句，要求严格按照正确的键位指法进行英文语句录入练习，力求在不低于 95％ 正确率的情况下提升录入速度。

二、相关知识

金山打字通 2013 是一款包括新手入门、英文打字、拼音打字、五笔打字等模块的打字软件,该软件需要完成晋级任务才能激活后续相应的模块。完成"新手入门"模块的学习后,下面开始学习"英文打字"模块。

(一)认识"英文打字"模块

启动金山打字通 2013 后,在首页界面中单击"英文打字"按钮,进入"英文打字"界面,如图 2-1 所示。该界面中包括单词练习、语句练习、文章练习 3 个模块,各模块的内容介绍如下。

图 2-1　单击"英文打字"按钮

(1)"单词练习"模块:收纳了最常用的单词、小学英语单词、初中英语单词、高中英语单词、大学英语单词等词汇。

(2)"语句练习"模块:收纳了最常用英语口语词汇。

(3)"文章练习"模块:收纳了小说、散文、笑话等不同类型的英文文章,用户可以根据自己的需要进行选择练习。

(二)英文词句录入技巧

在日常工作中,经常会遇到如发送邮件等需要录入英文词句的情况,为了准确且快速地录入所需单词,可按以下方法进行录入操作。

(1)双手手指放于基准键位,并保持手腕悬空。

(2)坚持盲打,切忌弯腰低头,不要将手腕和手臂靠在键盘上。

(3)遇到大小写字母混合录入的情况,可直接利用 Shift 键快速录入大小写英文字母。

(4)录入英文单词时,利用 Space 键分隔单词。

（5）录入英文句子时，句首单词的首字母要大写。

三、任务实施

（一）练习录入英文单词

下面将在金山打字通 2013 中练习录入英文单词，录入过程中要严格按照前面所学的键盘指法知识进行操作。其具体操作如下。

步骤 1：选择开始—所有程序—金山打字通菜单命令，启动金山打字通 2013 软件。

步骤 2：在首页界面中单击"英文打字"按钮，进入"英文打字"界面，单击"单词练习"按钮，如图 2-2 所示。

图 2-2　单击"单词练习"按钮

步骤 3：打开"单词练习"界面，根据窗口上显示的单词进行击键练习，如图 2-3 所示。窗口下方会根据用户的录入情况自动显示练习时间、速度、进度、正确率等信息，便于用户根据数据调整练习进度。

步骤 4：练习完默认单词课程后，系统将自动打开一个提示对话框，单击其中的按钮进入下一课。

步骤 5：在打开的界面中继续练习其他单词课程。如果想进入下一级别的练习，可以单击右下角的"测试模式"按钮。

步骤 6：打开"单词练习过关测试"界面进行测试，如图 2-4 所示。

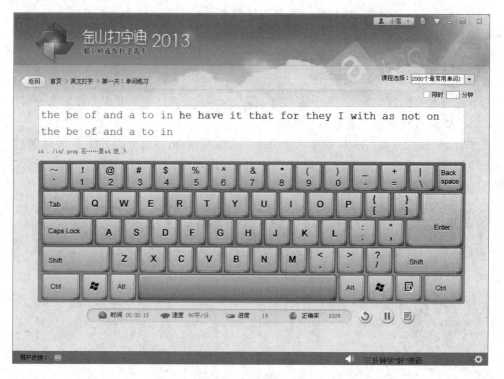

图 2-3　进行击键练习

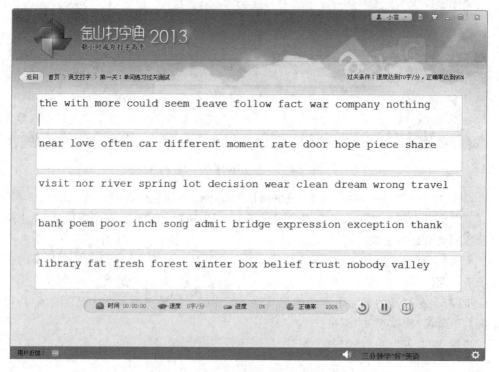

图 2-4　单词练习过关测试

(二)练习录入常用英文句子

完成单词测试后,软件将自动激活"语句练习"模块,可以继续在金山打字通 2013 中练习英文语句录入,要求不变并最终达到 75 字/分钟的录入速度和正确率达到 95%。具体操作如下。

步骤1:在"英文打字"界面中单击"语句练习"按钮,如图 2-5 所示。

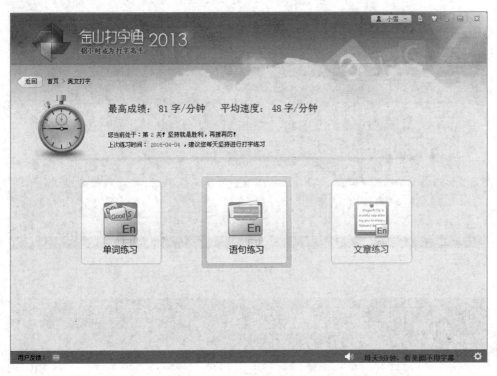

图 2-5　单击"语句练习"按钮

步骤2:在"英文打字"界面,根据窗口上显示的英文语句进行击键练习,直至录入速度达到 75 字/分钟的录入速度和正确率达到 95%,如图 2-6 所示。

【知识补充】

与以往版本的金山打字软件不同,金山打字通 2013 中设置了全新任务关卡练习模式,只有完成给定任务才能过关晋级。例如,在"英文打字"模块中,首先只能进行单词练习,当练习完规定课程或是通过测试条件后,才能激活"语句练习"模块。该模式对"拼音打字"和"五笔打字"模块同样适用。

(三)运行游戏,练习单词录入

完成语句课程练习后,可以通过试玩打字游戏巩固前面所学的知识,并对键位的熟悉程度和录入单词的能力进行检验。下面将试玩"激流勇进"游戏,其具体操作如下。

步骤1:在"英文打字"模块的"单词练习"界面中单击"首页"超链接,返回金山打字通 2013 的首页界面,然后单击右下角的 打字游戏 按钮,如图 2-7 所示。

图 2-6　练习录入英文单词

图 2-7　单击"打字游戏"按钮

步骤2：进入"打字游戏"界面后，单击"激流勇进"超链接，待游戏成功下载完成后，再次单击"激流勇进"游戏的初始界面，如图2-8所示。

图2-8 "激流勇进"游戏初始界面

步骤3：单击 按钮，开始游戏。此时，河面上会按一定方向水平漂动3层荷叶，并且每片荷叶上都有一个单词，加上对岸荷叶上的单词，用户需按从近到远的顺序依次敲击荷叶上的任意一个单词，只有在青蛙所在的荷叶漂走前，成功敲对所有单词后才能将青蛙运送过河，如图2-9所示。在"激流勇进"游戏中，一旦开始敲击荷叶上的单词，就不能再敲击同层中另一片荷叶上的单词，只有按Esc键后，才能再次敲击同一层中的其他单词。除此之外，青蛙只能垂直向前跳跃而不能水平跳跃。

步骤4：单击 按钮，可停止游戏。

在"激流勇进"游戏开始之前，可单击游戏起始界面中的"设置"按钮，在打开的"功能设置"对话框中选择练习词库和游戏难度，各参数含义如下。

"选择课程"下拉列表框：单击右侧的下拉按钮，在打开的下拉列表框中包含各阶段词汇表的名称，每个词汇表都是一个独立的课程，用户可根据实际需求选择要练习的课程。

"难度等级"滑块：在控制滑块上按住鼠标左键不放，沿左右方向拖曳鼠标可设置游戏难度等级，该游戏的最高难度等级为9级。

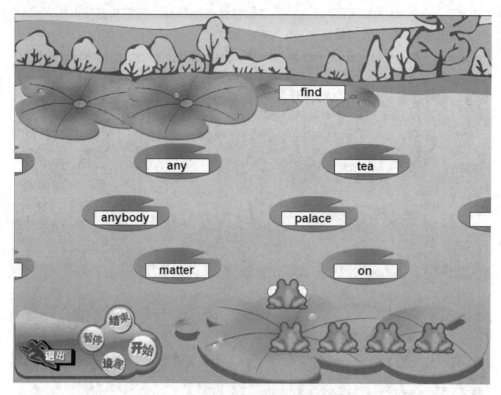

图 2-9　开始"激流勇进"游戏

图 2-10　通关提示对话框

任务2　练习录入英文文章

　　完成"语句练习"模块的任务后,便可通过该模块的过关测试激活"英文打字"界面的最后一个模块——文章练习。通过"文章练习"模块不仅可以综合提升英文打字的整体水平,还能快速掌握单词和语法的使用方法。下面将介绍英文文章打字练习的具体操作方法。

一、任务目标

本任务将在金山打字通 2013 软件中完成,要求严格按照正确的击键指法进行录入。在不低于 95% 正确率的情况下将录入速度提高至 100 字/分钟。

二、相关知识

在金山打字通 2013 中,除了可以依次进行单词、语句、文章练习外,还可以选择打字测试和自定义课程内容,下面分别介绍具体操作方法。

(一)自定义练习课程

在金山打字通 2013 相应练习模块的"课程选择"下拉列表框中,提供了大量的练习课程供应户选择,如果这些课程不能满足实际的工作或学习需求,用户可以将自己喜欢的文章或是工作中经常用到的内容添加到相应的练习模块中进行专项训练。

自定义练习内容的方法:首先在"课程选择"下拉列表框中单击"自定义课程"选项卡,然后单击"立即添加"超链接,打开"课程编辑器"对话框,在其中设置课程内容和名称,如图 2-11 所示,最后单击"完成"按钮自定义设置。

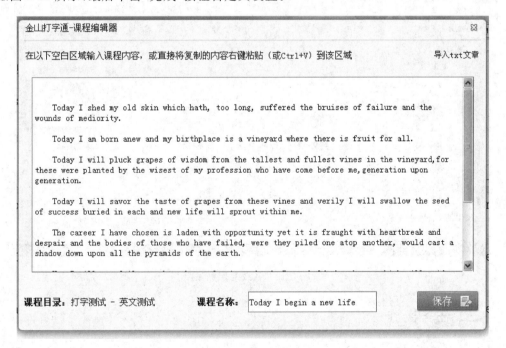

图 2-11　"自定义课程"设置

(二)认识"打字测试"模块

金山打字通 2013 的打字测试功能可以将用户打字速度和正确率以曲线的形式直观地显示,让打字水平一目了然。打字测试方式分为单机对照测试和在线对照测试两种。下面将分别介绍测试的使用方法。

（1）单机对照测试：将金山打字通 2013 的默认测试文章显示在"打字测试"窗口中，用户对照屏幕内容进行录入测试。完成测试后，软件会自动打开进步曲线图，以便用户了解自己的打字水平。在首页界面中单击"打字测试"按钮，即可打开"打字测试"界面。该界面中包含英文测试、拼音测试、五笔测试 3 个单选项，选中所需的单选项将切换到相应的测试内容。

（2）在线对照测试：在首页界面单击账户名，在弹出的下拉列表中单击"设置"按钮，然后在展开的列表中单击"打字测试"按钮，此时，系统将自动启动 IE 浏览器，并打开"金山打字通 2013 官方打字测试"网页，用户只需对照网页，在线录入测试即可。完成测试后，网页将自动给出相应的测试成绩，包括测试时间、正确率、速度、打字速度峰值等分析统计结果，如图 2-12 所示。

图 2-12　在线对照测试

三、任务实施

（一）练习英文课程

文章练习课程分为默认课程和自定义课程两种类型，下面将在"文章练习"模块中自定义名为"Today I begin a new life"的练习文章，然后对新添加的文章进行练习。在练习时打字姿势要正确，尽量不看键盘，最终达到 100 字/分钟，正确率 95% 以上。其具体操作如下。

步骤 1：启动金山打字通 2013，在首页界面中单击"英文打字"按钮。

步骤2：进入"英文打字"界面后，单击"文章练习"按钮，如图2-13所示。

图2-13 "文章练习"按钮

步骤3：在"文章练习"界面"课程选择"下拉列表框中单击"自定义课程"选项卡。

步骤4：在展开的列表框中单击"添加"按钮或"立即添加"超链接。

步骤5：打开"课程编辑器"对话框，在空白区域录入要练习的课程内容，在"课程名称"文本框中录入文章标题。系统将自动打开保存课程成功提示对话框。

步骤6：返回"课程选择"下拉列表框，其中自动显示了新添加的文章"Today I begin a new life"，如图2-14所示，单击文章标题选择该课程。

步骤7：进入文章练习模式，保持正确坐姿后，严格按照前面学习的键盘指法进行文章录入练习，直到达到练习要求。

（二）测试英文打字速度

完成所有英文打字练习后，可以利用金山打字通2013的"打字测试"模块测试打字速度，测试过程中可以进行暂停、从头开始、删除等操作。下面将测试英文文章"dream"的录入速度，其具体操作如下。

步骤1：启动金山打字通2013，在首页界面中单击 打字测试 按钮。

步骤2：打开"打字测试"界面，选中"英文测试"单选项，在"课程选择"下拉列表框中选择"dream"选项。

步骤3：返回"打字测试"界面，开始测试文章录入速度。

步骤4：文章录入完成后，将自动打开成绩分析统计结果。

（三）运行游戏，练习文章录入

完成打字测试后，用户可以试玩金山打字通2013提供的文章录入游戏"生死时速"，

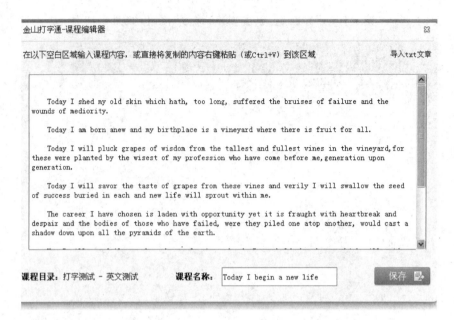

图 2-14　课程编辑器

以此来舒缓测试时的紧张情绪,通过有趣的练习,用户可以对英文文章盲打录入的能力有所把握,具体操作如下。

步骤 1：启动金山打字通 2013 的首页界面,单击右下角的 打字游戏 按钮,如图 2-15 所示。

图 2-15　打开"打字游戏"界面

步骤2：打开"打字游戏"界面后，单击"生死时速"超链接，待游戏成功下载后，再次单击"生死时速"超链接。

步骤3：进入"生死时速"游戏的开始界面，单击 单人游戏 按钮，如图2-16所示。

图2-16 游戏开始界面

步骤4：进入游戏参数设置界面，在其中可以选择人物、加速道具、练习文章，这里选择警察、自行车、"Chinese film"文章，然后单击"开始"按钮，如图2-17所示。

图2-17 参数设置

步骤5：开始游戏,根据提示栏中显示的文章,按照正确的键盘指法录入对应的字母或标点符号,此时,所选角色将会沿着道路前进,如图 2-18 所示,当警察追上小偷后,游戏胜利,游戏结束。

Once upon a time a little girl tried to make a living by selling match

图 2-18　游戏界面

实训3　自定义录入商务英语邀请函

【实训要求】

在金山打字通 2013 中录入如图 2-19 所示的商务英语邀请函,自定义课程,在录入过程中严格按照正确的键位指法进行盲打操作。限时 5 分钟,正确率为100％。

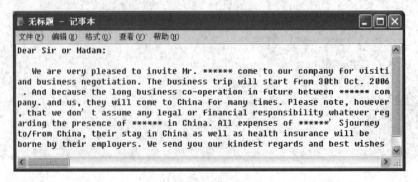

图 2-19　邀请函

【实训思路】

本实训首先要将商务英语邀请函添加到"打字测试"模块中的"英文测试"课程中,然后选择新添加的课程,最后盲打录入。出现击键错误时,可用右手小指敲击 Backspace 键删除后重新录入正确字母,以此保证正确率。

【步骤提示】

步骤 1:启动金山打字通 2013,单击"打字测试"按钮,打开"打字测试"界面。

步骤 2:选中"英文测试"单选项,在"课程选择"下拉列表框中单击"自定义课程"选项卡,在打开的列表框中单击"立即添加"超链接。

步骤 3:打开"金山打字通-课程编辑器"对话框,单击右上角的"导入 txt 文章"超链接,在打开的"选择文本文件"对话框中选择要添加的"商务英语邀请函",单击"打开"按钮。

步骤 4:返回"金山打字通-课程编辑器"对话框,在"课程名称"文本框中录入"商务英语邀请函",然后单击"保存"按钮。

步骤 5:在打开的提示对话框中单击"确定"按钮,将自定义课程成功保存至目标位置。

步骤 6:返回"课程选择"下拉列表框,单击"自定义课程"列表,单击课程名称"商务英语邀请函",开始文章录入。

项目 3

五笔字型输入法

 情景导入

经过一段时间的练习，小雪已经对键盘很熟悉了，英文文章录入速度也达到了一定的水平，星期六小雪去找小洁继续下面的学习。

"小洁我现在的英文录入速度已经很快了，每分钟可以达到130～140字，对键盘也了如指掌，不用看键盘就知道每一个键的位置，下一步咱们该学什么，我什么时候可以像你那样不用看键盘就能打字那么快呀?"小雪问小洁。

"小雪别着急呀，英文打字是一个基础，指法是关键。你把现在所学的内容都掌握了，我们就可以开始学习五笔字型了。要想像我一样，我们还得记字根、学会汉字拆分方法。"小洁对小雪说。

"那我们快开始吧，我都等不及了。"小雪说。

"我们在学习五笔字型这个阶段的时候，指法练习你平常还得多练，不能丢掉。"小洁说。

"你放心吧，我一定多练习。"小雪说。

"我们一起加油!"小洁对小雪说。

任务 1　认识并设置中文输入法

中文输入法是计算机录入中文字符的必备工具。要想熟练地掌握中文录入的方法，除了要掌握键盘结构和英文录入方法以外，还需要对中文输入法的基本操作有所了解和认识。

一、任务目标

本任务的目标是了解五笔字型编码原理、五笔字型输入法的安装方法。掌握五笔字型输入法设置。

二、相关知识

(一)计算机汉字的基本原理

《国家标准汉字字符集》GB 2312—1980 共收集了 7445 个汉字和图形符号,其中汉字 6763 个,分为二级,一级汉字 3755 个,二级汉字 3008 个。汉字图形符号根据位置将其分为 94 个"区",每个区包含 94 个汉字字符,每个汉字字符又称为一个"位"。区的序号和位的序号都是从 01 到 94。

计算机处理汉字是把汉字按照共同特点进行编码,并把这些编码合理地分布在键盘上的各字母键上,用户按照输入法规定的编码方法输入编码对应的字母或字符,输入法软件自动在字库里找到相应的汉字并显示在屏幕上。

(二)汉字编码的类型

(1)音码分类:音码也叫拼音码,是根据汉语拼音方案对汉字进行编码的输入法。如微软拼音 ABC、全拼、双拼、简拼等输入法就是采用音码分类方案。它符合人们习惯,不需要特殊记忆,只要学会汉语拼音便可以录入汉字,是使用最多的输入法。但是由于重码率多、不利用快速录入,不适合专业文字录入人员使用。

(2)形码分类:根据汉字的字形写法进行编码的输入法。是将汉字的笔画和偏旁部首对应于键盘上的按键,输入时根据字形的顺序按键输入汉字。如五笔字型输入法、表形码输入法、二码输入法等就是采用形码分类方式。由于形码编码方案与汉字拼音毫无关系,因此形码输入法特别适合有地方口音、普通话发音不标准的用户使用,形码输入法的编码方案比较精练,重码率低,是目前专业打字员使用得最多的编码方案。但是使用形码必须记忆字根编码和拆分规则,需要学习和训练才能熟练掌握。

(3)音形码分类:把拼音方法和字形方法结合起来的一种输入法。一般以拼音为主,字形为辅,音形结合,取长补短。例如,郑码输入法、自然码输入法。输入时首先输入拼音,再输入偏旁部首的编码以区分重码。偏旁部首的编码一般也是以部首读音的声母字符编码,这样既降低了重码率,又减少了记忆量。

(三)五笔字型的编码原理

五笔字型输入法是王永民在 1983 年 8 月发明的一种汉字输入法。汉字编码的方案很多,但基本都是依据汉字的读音和字型两种属性。五笔字型完全依据笔画和字型特征对汉字进行编码,是典型的形码输入法。在五笔字型中,字根多数是传统的汉字偏旁部首,五笔基本字根有 130 种,加上一些基本字根的变型,共有 200 个左右。这些字根对应在键盘上的除 Z 之外的 25 个字母键上。这样每个键位都对应着几个甚至是十几个字根。用这 25 个字母键上的基本字根就可以组合出成千上万个不同的汉字、词组。

三、任务实施

(一) 五笔字型输入法的下载

学习了汉字输入的基本原理后,下面介绍如何安装自己需要的输入法。以五笔字型输入法 86 版为例,介绍安装五笔字型输入法步骤。

步骤 1:打开浏览器,在地址栏里输入 www.baidu.com,如图 3-1 所示。

图 3-1　百度网站

步骤 2:在网站首页的"搜索"输入栏中输入"五笔字型 86 版",单击"百度一下"按钮,如图 3-2 所示。

图 3-2　"五笔字型 86 版"搜索结果界面

步骤 3：在新打开的网页中显示搜索结果，选择"【王码五笔 86 版官方下载】最新王码五笔 86 版-天空下载站"，如图 3-3 所示。

图 3-3　"下载"界面

步骤 4：选择立即下载即可。

（二）五笔字型输入法的安装

输入法下载完成后，要把它安装到计算机上才能使用，具体的安装步骤如下。

步骤 1：对下载后的安装包进行解压缩，如图 3-4 所示。

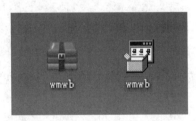

图 3-4　下载的压缩包、解压包

步骤 2：双击 wmwb 解压包，选择"86 版"单击确定，如图 3-5 和图 3-6 所示。

图 3-5　安装 86 版五笔输入法

图 3-6　"安装完毕"界面

（三）切换并设置输入法

安装了五笔输入法后，单击语言栏，该输入法会出现在弹出的输入法列表中，如图 3-7 所示。

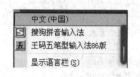

图 3-7　语言栏输入法列表界面

打开输入法后，在屏幕下面就会出现一个输入法状态条，表示当前的状态，可以通过单击它来切换输入状态，如图 3-8 所示。

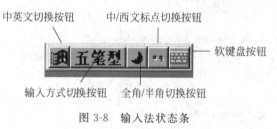

图 3-8　输入法状态条

1．输入方式切换

在通常情况下，输入方式切换按钮显示当前输入法的名称。

2．中英文切换

单击"中英文切换"按钮，可实现中英文输入的切换，或者按 Caps Lock 键。

3．全角/半角切换

单击"全角/半角"切换按钮可以进行字符的全角/半角切换，也可以按 Shift＋空格组合键。

4．输入中西文标点

单击"中西文标点"按钮，或按 Ctrl＋.组合键在中西文标点之间进行输入切换。

5．使用软键盘

单击"软键盘"按钮可打开软键盘。

小技巧

悄悄地告诉你，输入法还有很多热键：

输入法之间的切换：　　　Ctrl＋Shift　　　输入法之间切换

打开/关闭输入法：　　　　Ctrl＋空格键　　　英文输入法和中文输入法的切换

全角/半角输入法：　　　　Shift＋空格键　　　全角和半角的切换

任务 2　常用输入法介绍

一、任务目标

本任务将认识几种常用的中文输入法,然后使用不同的编码方式进行录入练习。

二、相关知识

微软拼音 ABC 输入风格:这种输入法支持全拼录入、简拼录入、混拼录入等多种方式。它可以录入多个汉字的全拼编码,而不局限于两个汉字,在拼音录入时不会同步显示选择框,只有按空格键确认录入后才会显示选择框。简拼录入方式是指录入词语中各汉字的声母编码后,通过选字框选择需要的词语,由于汉字的数量较多,简拼录入的方式具有重码率高的缺点;混排录入则结合了全拼录入和简拼录入两种方式,当需要录入一个二字词语时,可录入第一个汉字的声母编码和第二个汉字的全拼编码,这样既减少了按键次数,又降低了重码率,如图 3-9～图 3-11 所示。

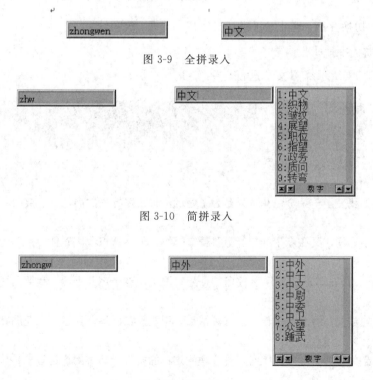

图 3-9　全拼录入

图 3-10　简拼录入

图 3-11　混拼录入

微软拼音输入法:这种输入法是集拼音录入、手写录入、语音录入于一体的智能型拼音输入法。输入时会同步显示选字框,确认选择后需再次按空格键取消录入字符下方的虚线才能完成录入。

三、任务实施

(一) 添加或删除输入法

步骤 1：下载安装一款输入法程序，如 Sogou 拼音输入法，如图 3-12 所示。

图 3-12　Sogou 输入法状态条

步骤 2：安装完成后，按住 Ctrl＋Shift 组合键进行输入法切换，切换到 Sogou 拼音输入法，如图 3-13 所示。

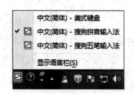

图 3-13　语言栏输入法列表

步骤 3：切换完成，即可进行拼音打字练习。

(二) 打字练习

按照图 3-14 所示练习文章进行打字练习。

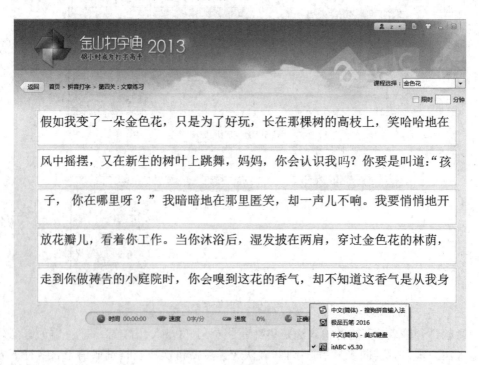

图 3-14　练习文章

任务3　五笔字型输入法介绍

一、任务目标

本任务的目标是认识五笔字型输入法,了解五笔字型的基本原理,掌握汉字的字根。通过本任务的学习,可以根据实际需求,添加适合的五笔字型输入法进行日常工作、学习。

二、相关知识

(一)五笔字型输入法简介

五笔字型输入法之所以能在各种汉字输入法中独占一席,主要是与拼音输入法相比具有以下优势。

击键次数少:五笔字型输入法录入一组编码最多只需击键四次,或录入4码汉字则不需要按空格键确认,从而提高打字速度。使用拼音输入法录入完成拼音编码后,需按空格键确认录入,增加了击键次数。

重码少:使用五笔字型输入法出现重码的现象较少,一般录入编码即可满足条件,而使用拼音录入时,由于同音的汉字未在选字框中,经常会出现重码,此时还需要按键盘上的数字来选择,若需要选择的汉字未在选字框中,还需翻页选取。

不受方言限制:用五笔字型输入法录入汉字时,用户即使不知道汉字的发音,也能根据字型进行录入,而使用拼音输入法录入汉字时,要求用户掌握录入汉字的标准读音,这对普通话不标准的用户来说十分困难。

(二)五笔字型输入法原理

汉字是中国特有的文字,它的笔画复杂,形态多样,仅常用的汉字就有7000多个,而汉字总数超过3万个。虽然汉字数量繁多,但汉字都是由几种固定的笔画组成的。用偏旁部首查字法查字时,首先要做的就是数部首的笔画。笔画分为"横、竖、撇、捺、折、点、竖钩、竖弯钩"等这些笔画,如果只考虑笔画的运笔方向,不看它的轻重长短,那么就可以把所有笔画归纳为"横、竖、撇、捺、折"5种。

汉字可以看成由5种基本笔画经过各种复合连接或交叉而成的相对不变的结构,然而笔画只能表示组成汉字的某一笔,真正构成汉字的基本单位是字根,而这些字根正如一块块不同形状的积木,用这些不同的"积木"就可以组成成千上万的汉字。

基于这一思想,王永民教授苦心钻研成千上万个汉字及词组的结构规律,经过层层分析、层层筛选,最后优化得到130种基本字根,将它们科学、有序地分布在键盘的25个英文字母键(除Z键以外)上,通过这25个字母键就可以输入汉字和词组。

五笔输入法又称五笔字型输入法,它是根据汉字的组成结构将其拆分成几个基本的字根,在输入汉字时,只需按照书写顺序依次按下这些字根所在的键位即可,如图3-15所示。

愿　厂 ＋ 白 ＋小 ＋心
没　氵 ＋ 几 ＋又
好　女 ＋ 子

图3-15　汉字拆分方法

输入汉字时首先将汉字拆成不同的字根,然后根据一定的规律进行分配,再把它们定义到键盘上不同的按键上。这样就可以按照汉字的书写顺序,击打键盘上相应的键,也就是给计算机输入一个个代码,计算机就会将这些代码转换成相应的文字显示到屏幕上。这个过程可以用图3-16来表示。

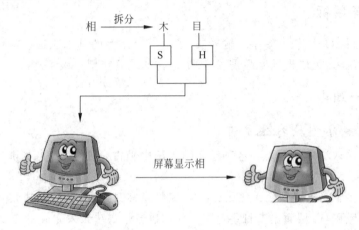

图 3-16　五笔字型输入原理

（三）五笔字型输入法版本介绍

五笔字型输入法自1983年诞生以来,以其快速的输入速度在各种汉字输入法中独占鳌头,同时五笔字型输入法也经历了不断更新和发展的过程。本书将以使用广泛的86版王码五笔字型输入法为例进行讲解。

1. 五笔字型输入法86版

1986年王永民教授推出"五笔字型86版",使用130个字根,可以处理 GB 2312—1980 汉字集中的一、二级汉字共6763个。

2. 五笔字型输入法98版

为了使五笔字型输入法更加完善,经过十多年的努力,王永民教授于1998年推出了"王码98版五笔输入法"。五笔字型输入法98版不但可以录入6763个国标简体字,而且还可以录入13053个繁体字。

除了占据主流的86版和98版五笔输入法外,还有许多其他种类的五笔字型输入法,如极品五笔输入法、智能陈桥输入法等。

三、任务实施

在使用计算机的过程中,有时需要自己添加或删除输入法,可按下述方法操作。

图 3-17　语言栏菜单

（一）添加输入法

步骤1:右击"语言栏"图标,弹出如图3-17所示的右键菜单。

步骤2：选择"设置"选项，弹出如图3-18所示的"文字服务和输入语言"对话框。

图 3-18 "文字服务和输入语言"对话框

步骤3：在"默认输入语言"栏中，单击下拉列表按钮，在弹出的下拉列表中选择"王码五笔输入法86版"选项。

步骤4：单击"确定"按钮即可。

（二）删除输入法

删除输入法时，只要在"文字服务和输入语言"对话框中选择要删除的输入法，再单击"删除"按钮即可。

任务4 五笔字型字根介绍

在五笔字型输入法中，组成汉字的最基本的成分是笔画，由基本笔画构成字根，再由基本笔画和字根构成汉字，字根是指由若干笔画交叉而形成的相对不变的结构，它是构成汉字的基本单位，也是学习五笔字型输入法的基础。

在五笔字型输入法中，把组字能力很强，而且在日常生活中出现频率较高的字根称为基本字根，如日、土、口等都是基本字根。五笔字型输入法中归纳了130个基本字根，加上一些基本字根的变形字根，共有200个左右。

一、任务目标

本任务将首先学习汉字的组成，再熟悉字根在键盘上的区位分布和字根拆分的五大原则等知识。要求熟记所有的五笔字根，以及横、竖、撇、捺、折 5 个区中各键位上的五笔字根分布情况。

二、相关知识

五笔字型输入法的实质是根据汉字的组成，先将字拆分成字根，再按各字根所属的编码，即可实现录入汉字的目的。所以在学习五笔字根之前要先了解汉字的基本组成。

（一）汉字的组成

汉字的基本组成包括 3 个层次、5 种笔画、3 种字型，而汉字的结构则根据汉字与字根间的位置关系来确定。

1. 汉字的 3 个层次

笔画是构成汉字的最小结构单位，五笔字型输入法是将基本笔画编排并调整构成字根，然后再将笔画和字根组成汉字。从结构上看，可以分为汉字、字根、笔画 3 个层次，如图 3-19 所示。

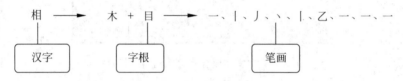

图 3-19　汉字的三个层次

2. 汉字的 5 种笔画

所有汉字都是由笔画构成的，但笔画的形态变化很多，如果按其长短、曲直和笔势走向来分，可以分为几十种笔画。为了易于被人们接受和掌握，可对笔画进行科学的分类。如果按照书写方向来划分，笔画的类型只有 5 种，它们分别是横、竖、撇、捺、折。五笔输入法将这 5 种基本笔画按顺序排列，用数字 1～5 作为代号来表示它们，如图 3-20 所示。

代号	笔画	笔画名称	笔画走向	笔画变形
1	一	横	从左到右	╱
2	丨	竖	从上到下	亅
3	丿	撇	从右上到左下	
4	丶	捺	从左上到右下	丶
5	乙	折	各个方向转折	ㄥ ㄱ ㄋ ㄑ ㄥ ㄑ ㄥ

图 3-20　汉字的五种笔画

（1）横（一）

在五笔字型输入法中，运笔方向从左到右和从左下到右上的笔画都包括在"横"中，如五、丁。除此之外，还把"提"笔画也归为"横"笔画内，如图 3-21 所示。

图 3-21　横笔画

（2）竖（丨）

在五笔字型输入法中，运笔方向从上到下的笔画都包括在"竖"这种笔画内，如口、上。除此之外，还把"竖钩"也归为"竖"，如图 3-22 所示。

图 3-22　竖笔画

（3）撇（丿）

在五笔字型输入法中，撇是指运笔方向从右上至左下的笔画，如图 3-23 所示。

图 3-23　撇笔画

（4）捺（乀）

在五笔字型输入法中，捺是指从左上至右下的笔画。除此之外，还把"点"也归为"捺"笔画内，如图 3-24 所示。

图 3-24　捺笔画

（5）折（乙）

在五笔字型输入法中，除"竖钩"笔画以外的所有带转折的笔画都属于"折"笔画，如图 3-25 所示。

图 3-25　折笔画

小提示

在分析汉字笔画时，认识笔画的运笔方向非常重要。其中应特别注意"捺"笔画与

"撇"笔画的区别,这两个笔画的运笔方向恰好相反的,需灵活运用。

3. 汉字的3种类型

根据构成汉字各字根之间的位置,可将汉字分为左右型、上下型、杂合型3种。分别用代码1、2、3表示,如图3-26所示。

代号	字型	图示	位置关系	字例
1	左右型	田 川 田 田	左右,左中右	和 树 提 部
2	上下型	吕 昌 吕 吕	上下,上中下	态 悉 蔽 丛
3	杂合型	口 回 问 凵 凵	独体、全包围、半包围	身 国 同 函 这

图 3-26　汉字的字型

（二）五笔字根在键盘上的区位分布

在五笔字型中,将125个常用的基本字根按起笔的类型(横、竖、撇、捺、折)分为5类,每一类又分为5组,共计25组。同时,键盘上除Z键以外的25个字母键划分为五个区,将这5类字根分别放置在5个区中,每一类的5个组又分别与每一区中的5个键位相对应,在每个区中,根据第2笔笔画按照"横""竖""撇""捺""折"划分为五个位,也依次用1~5表示,每个区中的位号都是按照字母在键盘上的位置由中间向两边排列,如图3-27所示。

图 3-27　键盘分布区

区号和位号定义原则如下。

（1）区号按起笔的笔画横、竖、撇、捺、折划分。如三首笔为"横",横的代号为1,故它在1区。

（2）一般来说,字根的次笔代号尽量与其所在的位号一致,如土、门的第2笔均为竖,竖的代号为2,它们的位号都为2。但有特殊的情况,如工字的次笔为竖,但它却被放在了15位,而不是12位。

（3）复笔画字根的数值尽量与位号一致。例如,单笔画一、丨、丿、丶、乙都在第1位,两个单笔画的复合字根二、丷、冫、巜都在第2位,以此类推。

总之,任何一个字根都可以用它所在的区位号(也叫字根的"代码")来表示。如米在4区4位,其区位号为44,44就是"米"代码。五笔字型字根图如图3-28所示。

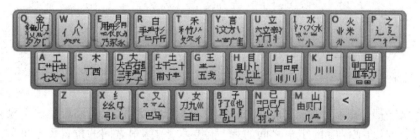

图 3-28　五笔字型字根图

三、任务实施

在金山打字通 2013 中，按横、竖、撇、捺、折 5 个分区来进行字根录入练习，对于经常输错的字根应加强记忆。具体操作如下。

步骤 1：启动金山打字通 2013，在首页界面中单击"五笔打字"按钮。

步骤 2：进入"五笔打字"模块，单击"五笔输入法"按钮。了解有关五笔字型输入法的基础知识及完成相应的测试题。

步骤 3：练习相应的区位字根，如图 3-29 所示。

图 3-29　字根练习图

任务5　汉字的拆分方法

在五笔字型输入法中，所有汉字都可以看作由基本字根组成的，在录入汉字之前需要将汉字拆分成一个个基本字根。在进行汉字拆分前，首先要了解各字根之间的结构关系和拆分字根的原则。

一、任务目标

掌握汉字拆分的基本原则、熟练记忆字根的位置。

二、相关知识

所有汉字都是由基本字根拼合而成的，要想拆分汉字，尤其是字根总表上没有的键外字，就必须了解组成汉字的字根之间的相互位置关系，字根之间的位置关系也称为汉字字根间的结构关系。

（一）汉字字根间的结构关系

1. 单

"单结构汉字"就是指构成汉字的字根只有一个，主要包括两种类型：键名汉字如金、山、王等和成字字根汉字如雨、小等。在输入这类汉字时不必进行再拆分。

2. 散

"散结构汉字"是指构成汉字的字根有多个，而且每个字根之间有明显的距离，既不相连也不相交。如明、江、树等。

3. 连

"连"结构汉字是指由一个单笔画字根与一个基本字根相连而构成的汉字，如图 3-30 所示。

且	月 连 一
不	一 连 小

图 3-30　连结构汉字

小提示

在区分"连"结构汉字时，应注意以下两点。

（1）若单笔笔画与基本字根有明显的距离，如个、旦等不属于"连"字结构。

（2）若一个汉字是由一个基本字根与一个点组成，如寸、勺等不属于"连"字结构。

4. 交

"交"结构汉字是指由几个字根相互交叉构成的汉字，字根与字根之间相互交叉重叠。如事、果等。

（二）拆分原则

五笔字型规定，拆分合体字时，一定要按照正确的书写顺序进行，拆分原则可以归纳为：

书写顺序　取大优先　兼顾直观　能散不连　能连不交

1. 书写顺序

在拆分汉字时，应按照汉字的书写顺序进行，"从左到右""从上到下""从内到外"拆分,如图 3-31 所示。

$$
\begin{array}{l}
要\quad 西\ +\ 女 \\
做\quad 亻\ +\ 古\ +\ 攵 \\
边\quad 力\ +\ 辶
\end{array}
$$

图 3-31 按"书写顺序"原则拆字

2. 取大优先

按照书写顺序拆分汉字时,拆分出来的字根应尽量"大",拆分出来的字根数量应尽量少,如图 3-32 所示。

$$
\begin{array}{ll}
则\quad 贝+刂\ (\checkmark) & 则\quad 冂\ +人+刂(\times) \\
草\quad 艹+\ 早(\checkmark) & 草\quad 艹\ +日+十(\times)
\end{array}
$$

图 3-32 按"取大优先"原则拆字

3. 兼顾直观

拆分汉字时,为了照顾汉字字根的完整性,有时不得不暂且牺牲一下"书写顺序"和"取大优先"的原则,形成少数例外的情况,如图 3-33 所示。

$$
\begin{array}{l}
书写顺序拆分:固\quad 冂\ +古\ +\ 一(\times) \\
应拆分:\qquad 固\quad 囗\ +古\ (\checkmark)
\end{array}
$$

图 3-33 按"兼顾直观"原则拆字

4. 能散不连

拆分汉字时,如果能拆分成"散"结构的字根,就不要拆分成"连"结构的字根,如图 3-34 所示。

$$
\begin{array}{l}
占\quad 卜+口(\checkmark) \\
占\quad 上+凵(\times)
\end{array}
$$

图 3-34 按"能散不连"原则拆字

5. 能连不交

拆分汉字时,当一个字既可以拆成相连的几个部分,也可以拆成相交的几个部分,通常采用"相连"的拆法,如图 3-35 所示。

$$
\begin{array}{ll}
千\quad 丿\ +\ 十\ (\checkmark) & 千\quad 丿\ +\ 一\ +\ |\ (\times) \\
于\quad 一\ +\ 十\ (\checkmark) & 于\quad 二\ +\ |\ (\times)
\end{array}
$$

图 3-35 按"能连不交"原则拆字

三、任务实施

练习非基本字根拆分。

臣(　　　) 才(　　　) 灭(　　　) 百(　　　) 未(　　　)

正（	）	世（	）	于（	）	市（	）	页（	）
县（	）	电（	）	虫（	）	申（	）	里（	）
自（	）	失（	）	乐（	）	瓜（	）	身（	）
北（	）	并（	）	半（	）	首（	）	义（	）
飞（	）	书（	）	尺（	）	卫（	）	丑（	）

任务6 录入键面汉字和键外汉字

掌握了五笔字型输入法的字根和汉字拆分原则后,便可以借助末笔识别码、键面汉字、键外汉字进行汉字录入了。

一、任务目标

本任务将练习录入键面汉字和键外汉字。在录入操作前,首先要掌握末笔识别码的判别方法,然后运用键面汉字和键外汉字的录入规则录入汉字。通过本任务的学习,熟练掌握键面汉字和键外汉字的录入方法。

二、相关知识

在学习汉字的录入方法之前,首先要学习末笔识别码,因为对于拆分不足 4 个字根的汉字有时需要利用其对应的识别码进行录入,若添加识别码后仍不足 4 码,则补一个空格。下面将详细介绍末笔识别码的判定方法。

（一）认识末笔识别码

1. 末笔识别码概念

构成汉字的基本字根之间存在一定的位置关系。如只、叭,两个字的编码完全相同,因此出现了重码。可见仅仅将汉字的字根按照拆分方法输入计算机中还是不够的,还必须告诉计算机输入这些字根是以什么方式排列的,计算机才能认定需要输入的是哪个字。若用字型代码加以区别则是:

只 → 口＋八 编码:KW2(上下结构)

叭 → 口＋八 编码:KW1(左右结构)

于是,这两个字的编码就不会相同了,最后一笔就是字型识别码。但还有一些字,它们的字根在同一个键上而且字型结构又相同,如洒、汀,如果分别加一个字型代码,由于三个字都是左右型,还是出现了重码,因此,仅将字根按照书写顺序输入计算机中,再用字型代码加以区别,也还是不够的,还必须告诉计算机输入的这些字根各有什么特点。若用末笔识别码则变成:

洒 → 氵＋西 编码:ISG(横)

汀 → 氵＋丁 编码:ISH(竖)

这样就使处在同一键上的两个字根和在其他字根构成汉字时,具有了不同的编码。

最后一字母称为末笔识别码。

综上所述,为了避免出现重码,有时候需要加字型识别码、有时候又要加末笔识别码,末笔识别码见表 3-1。

表 3-1　末笔识别码

汉字末笔画	左右型:代码"1"	上下型:代码"2"	杂合型:代码"3"
横 1	G(11)	F(12)	D(13)
竖 2	H(21)	J(22)	K(23)
撇 3	T(31)	R(32)	E(33)
捺 4	Y(41)	U(42)	I(43)
折 5	N(51)	B(52)	V(53)

2. 末笔识别码的判定

在判定汉字的末笔识别码时,书写顺序对于判别汉字的最后笔画十分重要。对于全包围或半包围结构的汉字以及与书写顺序不一致的汉字,还有以下几种特殊规则。

（1）全包围或半包围结构汉字的末笔识别码

对于"建、过、凶"等汉字,其末笔画规定为被包围部分的最后一笔。以句字为例,半包围结构,所以末笔笔画是被包围部分"口"的最后一笔,即"一",又属于杂合型,故对应键盘中的"D"键。

（2）与书写顺序不一致汉字的末笔识别码

对于最后一个字根是由"九、七、力"等构成的汉字,一律以"折"笔画作为末笔笔画。

（3）带单独点汉字的末笔识别码

对于"义、太、勺"等汉字,均把"、"当作末笔笔画,即"捺"作为末笔。

（4）特殊汉字的末笔识别码

对于"我、成、钱"等汉字,其判定应遵循"从上到下"原则,一律规定"丿"作为末笔笔画。

（二）键面汉字录入规则

键面汉字是指在五笔字型字根表里存在的字根,其本身就是一个汉字。键面汉字主要包括单笔画、键名汉字、成字字根汉字 3 种类型,下面分别介绍其录入规则。

1. 单笔画录入规则

在五笔字型字根表中,"一、丨、丿、丶、乙"5 种笔画,在国家标准中都是作为"汉字"来对待的。输入时,先按两次该单笔画所在的键位,再按两次"L"键。5 种笔画编码见表 3-2。

表 3-2　5 种单笔画的编码

横（一）	竖（丨）	撇（丿）	捺（丶）	折（乙）
GGLL	HHLL	TTLL	YYLL	NNLL

2. 键名汉字录入规则

键名汉字的输入方法是连续击打该字根所在的键位 4 次即可,如图 3-36 所示。

图 3-36　键名汉字图

3. 成字字根汉字录入规则

除了键名汉字外,在键位上还有一些字根同时也是汉字,如小、虫、丁等,这些汉字称为成字字根汉字。输入方法是先打字根本身所在的键(称为"报户口"),再根据"字根拆成单笔画"的原则,打它的第一个单笔画、第二个笔画,以及最后一个单笔画,不足 4 码时,加打一个空格键,如图 3-37 所示。

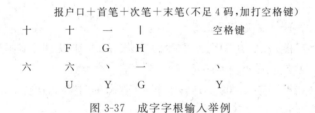

图 3-37　成字字根输入举例

(三) 键外汉字录入规则

键外汉字是指没有包含在五笔字型字根表中,并且需要通过字根的组合才能录入的汉字。其录入规则为:根据汉字拆分原则,将汉字拆分成基本字根后,依次录入对应的 4 个编码。其中前 3 个编码分别取汉字的前 3 个字根,第 4 码则取该汉字的最后一个字根。若拆分后不足 4 码,需要添加末笔识别码录入。

键外汉字可划分为 4 个汉字字根输入、超过 4 个汉字字根输入、不足 4 个汉字字根输入。

1. 4 个字根汉字输入

在五笔字型输入法中,无论是汉字还是词组,最多只需要输入四位编码。对于刚好 4 码的汉字,输入方法是按照书写顺序依次输入 4 个字的字根编码,如图 3-38 所示。

误　讠＋口＋一＋大　编码:YKGD
照　日＋刀＋口＋灬　编码:JVKO

图 3-38　4 个字根的汉字输入方法举例

2. 输入超过 4 个字根汉字

按照书写顺序,依次输入汉字的第 1 个字根、第 2 个字根、第 3 个字根和最后 1 个字根的编码,如图 3-39 所示。

融　一＋口＋冂＋虫　　编码:GKMJ
输　车＋人＋一＋刂　　编码:LWGJ

图 3-39　超过 4 个字根的汉字输入方法举例

3. 输入不足 4 个字根汉字

按照书写顺序,依次输入汉字的第 1 个字根、第 2 个字根、第 3 个字根的编码,然后再输入该汉字的末笔识别码。如果不足 4 码则补按空格键,如图 3-40 所示。

码　石＋马＋识别码(G)　　编码:DCG
君　彐＋丿＋口＋识别码(D)　编码:VTKD

图 3-40　输入不足 4 个字根的汉字输入方法举例

三、任务实施

在记事本中录入汉字。

步骤 1:启动记事本程序,按 Ctrl＋Shift 组合键,切换到五笔字型输入法。

步骤 2:在记事本上练习录入以下汉字。

汗 牛 仁 沐 诵 汀 臭 巨 判 农 戒 刃 头
吐 驮 应 音 状 锌 皇 京 回 伏 冬 飞 父
拌 羊 艺 晾 午 牛 杀 享 拥 杏 兄 杞 音
户 今 巾 床 改 童 朴 蚂 票 弄 井 乡 看

步骤 3:保存。

步骤 4:退出。

操作提示

末笔识别码是五笔输入法中较难掌握的知识点之一,要熟练掌握其判定方法,对于一些特殊字型应单独记忆。并不是所有汉字都要添加末笔识别码,如成字字根汉字的编码即使不足 4 码,也一律不加识别码。

实训 4　在金山打字通中进行字根练习

【实训要求】

通过分区练习,熟记各字根的键位分布后,为了进一步加深对五笔字根的记忆,下面在金山打字通中对所有五笔字根进行综合练习。

【实训思路】

利用金山打字通 2013 的"五笔打字"模块的第二关进行综合练习。然后对练习时间进行限时,最后在规定的时间内完成训练。在练习过程中,要坚持按标准的键位指法击键。

步骤 1:在"字根分区及讲解练习"界面的"课程选择"下拉列表框中选择"综合练习"。

步骤 2:在"课程选择"下拉列表框下方单击选中"限时"复选框,并在后面的文本框中录入限制时间"5 分钟"。

步骤 3:反复练习所有字根,直至能够准确记忆全部字根以及字根所在区位,如图 3-41所示。

图 3-41　字根练习图

实训 5　在记事本中录入文字

【实训要求】

在记事本中录入如图 3-42 所示的文章,限时 10min,正确率在 95% 以上。

【实训思路】

步骤 1:启动记事本程序,开始录入汉字。

步骤 2:录入完成后,单击文件菜单—保存—输入文件名—保存。

步骤 3:关闭记事本。

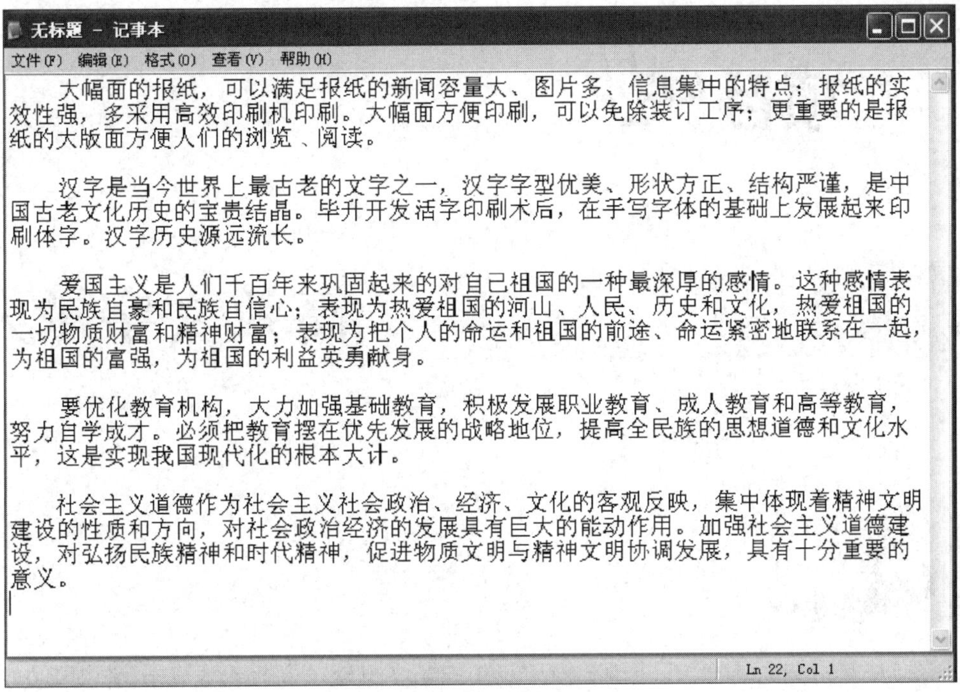

大幅面的报纸，可以满足报纸的新闻容量大、图片多、信息集中的特点；报纸的实效性强，多采用高效印刷机印刷。大幅面方便印刷，可以免除装订工序；更重要的是报纸的大版面方便人们的浏览、阅读。

汉字是当今世界上最古老的文字之一，汉字字型优美、形状方正、结构严谨，是中国古老文化历史的宝贵结晶。毕升开发活字印刷术后，在手写字体的基础上发展起来印刷体字。汉字历史源远流长。

爱国主义是人们千百年来巩固起来的对自己祖国的一种最深厚的感情。这种感情表现为民族自豪和民族自信心；表现为热爱祖国的河山、人民、历史和文化，热爱祖国的一切物质财富和精神财富；表现为把个人的命运和祖国的前途、命运紧密地联系在一起，为祖国的富强，为祖国的利益英勇献身。

要优化教育机构，大力加强基础教育，积极发展职业教育、成人教育和高等教育，努力自学成才。必须把教育摆在优先发展的战略地位，提高全民族的思想道德和文化水平，这是实现我国现代化的根本大计。

社会主义道德作为社会主义社会政治、经济、文化的客观反映，集中体现着精神文明建设的性质和方向，对社会政治经济的发展具有巨大的能动作用。加强社会主义道德建设，对弘扬民族精神和时代精神，促进物质文明与精神文明协调发展，具有十分重要的意义。

图 3-42　记事本录入文章

项目 4

高效文字录入

 情景导入

经过一段时间认真学习,小雪已经掌握了五笔字型输入法的基本规则,并且还在努力地进行拆字练习。

小雪说:"小洁我已经学会了汉字的拆分方法,一个汉字一个汉字地拆分太慢了,有没有更快的办法可以提高我的打字速度呢?"

小洁说:"别着急呀,一个汉字一个汉字拆分是五笔字型输入法的基础,现在我教你更快的方法,利用简码、词组来对汉字进行拆分,可以大大提高文字录入效率。"

小雪说:"快点教我吧,我都等不及了。"

小洁说:"好,我们下面就开始吧。"

任务 1 简码录入

为了提高输入汉字的速度,对常用汉字只取其前一个、两个或三个字根构成简码。因为末笔字型交叉识别码总是在全码的最后位置,所以简码的设计会方便编码、减少击键次数,而且更加容易判定汉字的字根编码和识别码。

一、任务目标

首先学习简码汉字的录入规则,然后通过学习二字词组、三字词组、四字词组、多字词组的取码规则达到快速录入的目的。对于一级和二级简码要熟练记忆。

二、相关知识

在五笔字型输入法中,简码汉字可分为一级简码、二级简码两大类,不同类型的词组,

其录入规则也不相同,下面分别介绍。

（一）一级简码的输入

在五笔字型字根的 25 个键位上,每个键位均对应一个使用频率较高的汉字,称为“一级简码”,如图 4-1 所示。录入一级简码的规则是:按一下简码所在键位,再按空格键即可。

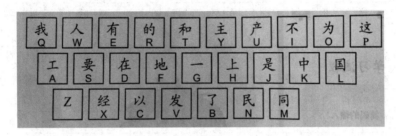

图 4-1　一级简码分布图

小技巧

为了便于记忆,可按区位将一级简码编成口诀:“一地在要工,上是中国同,和的有人我,主产不为这,民了发以经。”依照口诀反复练习巩固便能牢记简码。

（二）二级简码录入规则

二级简码是指只需录入前两位编码的汉字,这样就减少取其编码或最后一个识别码的击键次数。二级简码的规则是录入汉字前两个字根所在的编码,然后补敲空格键即可,如图 4-2 所示。

帮　———→　三 + 丿 + 空格

五笔编码　　　　D　　T

图 4-2　录入二级简码汉字

二级编码共有 625 个,表 4-1 中列出了每个键位上对应的二级简码,其中若出现空缺则表示该键位上没有对应的二级简码。

表 4-1　二级简码表

	G	F	D	S	A	H	J	K	L	M	T	R	E	W	Q	Y	U	I	O	P	N	B	V	C	X
	11	12	13	14	15	21	22	23	24	25	31	32	33	34	35	41	42	43	44	45	51	52	53	54	55
G11	五	于	天	末	开	下	理	事	画	现	玫	珠	表	珍	列	玉	平	不	来		与	屯	妻	到	互
F12	二	寺	城	霜	载	直	进	吉	协	南	才	垢	圾	夫	无	坟	曾	示	赤	过	志	地	雪	支	
D13	三	夺	大	厅	左	丰	百	右	历	面	帮	原	胡	春	克	太	磁	砂	灰	达	成	顾	肆	友	龙
S14	本	村	枯	林	械	相	查	可	楞	机	格	析	极	检	构	术	样	档	杰	棕	杨	李	要	权	楷
A15	七	革	基	苛	式	牙	划	或	功	贡	攻	匠	菜	共	区	芳	燕	东		芝	世	节	切	芭	药

续表

	G	F	D	S	A	H	J	K	L	M	T	R	E	W	Q	Y	U	I	O	P	N	B	V	C	X
	11	12	13	14	15	21	22	23	24	25	31	32	33	34	35	41	42	43	44	45	51	52	53	54	55
H21	晴	睦	眶	盯	虎	止	旧	占	卤	贞	睡	脾	肯	具	餐	眩	瞳	步	眯	瞎	卢		眼	皮	此
J22	量	时	晨	果	虹	早	晨	蝇	曙	遇	昨	蝗	明	蛤	晚	景	暗	晃	显	晕	电	最	归	紧	昆
K23	呈	叶	顺	呆	呀	中	虽	吕	另	员	呼	听	吸	只	史	嘛	啼	吵	噗	喧	叫	啊	哪	吧	哟
L24	车	轩	因	困	轼	四	辐	加	男	轴	力	斩	胃	办	罗	罚	较		辚	边	思	团	轨	轻	累
M25	同	财	央	朵	曲	由	则		崭	册	几	贩	骨	内	风	凡	赠	峭	赎	迪	岂	邮		凤	嶷
T31	生	行	知	条	长	处	得	各	务	向	笔	物	秀	答	称	入	科	秒	秋	管	秘	季	委	么	第
R32	后	持	拓	打	找	年	提	扣	押	抽	手	折	扔	失	换	扩	拉	朱	搂	近	所	报	扫	反	批
E33	且	肝	须	采	肛	胖	胆	肿	肋	肌	用	遥	朋	脸	胸	及	胶	膛	膦	爱	甩	服	妥	肥	脂
W34	全	会	估	休	代	个	介	保	佃	仙	作	伯	仍	人	您	信	们	偿	伙		亿	他	分	公	化
Q35	钱	针	然	钉	氏	外	旬	名	甸	负	儿	铁	角	欠	多	久	匀	乐	炙	锭	包	凶	争	色	
Y41	主	计	庆	订	度	让	刘	训	为	高	放	诉	衣	认	义	方	说	就	变	这	记	离	良	充	率
U42	闰	半	关	亲	并	站	间	部	曾	商	产	瓣	前	闪	交	六	立	冰	普	帝	决	闻	妆	冯	北
I43	汪	法	尖	洒	江	小	浊	澡	渐	没	少	泊	肖	兴	光	注	洋	水	淡	学	沁	池	当	汉	涨
O44	业	灶	类	灯	煤	粘	烛	炽	烟	灿	烽	煌	粗	粉	炮	米	料	炒	炎	迷	断	籽	娄	烃	糯
P45	定	守	害	宁	宽	寂	审	宫	军	宙	客	宾	家	空	宛	社	实	宵	灾	之	官	字	安		它
N51	怀	导	居		民	收	馒	避	惭	届	必	怕		愉	懈	心	习	悄	屡	忱	忆	敢	恨	怪	尼
B52	卫	际	承	阿	陈	耻	阳	职	阵	出	降	孤	阴	队	隐	防	联	孙	联	辽	也	子	限	取	陛
V53	姨	寻	姑	杂	毁	叟	旭	如	舅	妯	九		奶		婚	妨	嫌	录	灵	巡	刀	好	妇	妈	姆
C54	骊	对	参	骠	戏		骡	台	劝	观	矣	牟	能	难	允	驻	骈		驼			马	邓	艰	双
X55	线	结	顷		红	引	旨	强	细	纲	张	绵	级	给	约	纺	弱	纱	继	综	纪	弛	绿	经	比

操作提示

如果要录入二级简码表中的某个汉字，可以先按该字所在行对应的字母键，然后按它所在列对应的字母键即可。例如，录入"引"字，应先按它所在行的"X"键，然后按它所在列的"H"键。

（三）三级简码录入规则

三级简码的输入方法是：取这个字的第一、第二、第三个字根的代码，再按空格键。选取时，只要该字的前三个字根能唯一地代表该字，就把它选为三级简码。这类汉字有4400个之多。此类汉字输入时不能明显地提高输入速度。因为打了3码后还必须打一个空格键，也要按四键。但由于省略了最后的字根码或末笔识别码，故对于提高速度来说，还是有一定帮助的。三级简码输入举例如图4-3所示。

荐 —→ 艹 ＋ 大 ＋ 丨
　　　　A　　D　　H

图4-3　三级简码录入规则

三、任务实施

（一）练习一级简码

经（ ） 一（ ） 工（ ） 是（ ） 民（ ）

中（ ） 国（ ） 和（ ） 主（ ） 发（ ）

（二）练习二级简码

学（ ） 化（ ） 北（ ） 角（ ） 张（ ）

怀（ ） 双（ ） 记（ ） 离（ ） 也（ ）

皮（ ） 面（ ） 笔（ ） 职（ ） 会（ ）

（三）练习三级简码

唐（ ） 费（ ） 菜（ ） 苦（ ） 苹（ ）

葫（ ） 项（ ） 荐（ ） 散（ ） 范（ ）

任务2　录入词组、多字词

五笔字型提供了词组输入功能。输入词组时不需任何转换，不需要再附加其他信息，可以与字一样用4码来录入一个词组。

词组是由两个或两个以上的汉字组合而成的，在五笔字型输入法中，除了可以录入简码汉字外，还可以进行词组录入。词组可分为二字词组、三字词组和四字词组，以及多字词组等。下面将详细介绍各种词组的录入方法。

一、任务目标

通过学习二字词组、三字词组、四字词组、多字词组的取码规则达到快速录入的目的。

二、相关知识

（一）二字词组录入

二字词是指包含两个汉字的词组。二字词组的录入规则为：分别取第1个字和第2个字的前两码，如图4-4所示。

$$耳\ 朵 \longrightarrow 耳\ +\ 一\ +\ 几\ +\ 木$$
$$B\ +\ G\ +\ M\ +\ S$$

图4-4　二字词组录入规则

（二）三字词组录入

三字词组是包含3个汉字的词组。三字词组的录入规则为：第1个字的第1个字根＋第2个字的第1个字根＋最后一个字的第1个字根＋最后一个字的第2个字根，如图4-5所示。

共青团 ——→ 艹 + 龶 + 口 + 才

A + G + L + F

图 4-5 三字词组录入规则

（三）四字词组录入

如图 4-6 所示，四个字词组的输入方法为：按顺序各取每个字的第 1 个字根。

柳暗花明 ——→ 木 + 日 + 艹 + 日

S + J + A + J

图 4-6 四字词组录入规则

（四）多字词组录入

如图 4-7 所示，多字词组的输入方法为：前三个字的第 1 个字根＋最后 1 个字的第 1 个字根。

中华人民共和国 ——→ 丨 + 人 + 人 + 口

K + H + W + L

图 4-7 多字词组录入规则

三、任务实施

（一）二字词组的练习

光荣（ ） 改革（ ） 所有（ ） 公司（ ） 领导（ ）
活动（ ） 决定（ ） 感觉（ ） 服务（ ） 解决（ ）

（二）三字词组的练习

太阳能（ ） 出版社（ ） 解放军（ ） 文化馆（ ）
研究所（ ） 自行车（ ） 国防部（ ） 总书记（ ）
科学院（ ） 小朋友（ ）

（三）四字词组的练习

共产党员（ ） 奋发图强（ ） 基本原则（ ） 计划生育（ ）
众所周知（ ） 唯物主义（ ） 机构改革（ ） 思想方法（ ）

（四）多字词组的练习

中央电视台（ ） 全国人民代表大会（ ） 中国人民解放军（ ）
中国共产党（ ） 历史唯物主义（ ） 新疆维吾尔自治区（ ）

任务 3 录入文章

不同文体的文章录入时有各自的特点，例如，政论类型文章词组较多，能更好地练习词组的拆分方法和掌握拆分原则；小说、散文类型的文章标点符号丰富，除了练习拆字外,还有助于更好地练习标点符号;文言文则有助于提升单字拆分的能力。

一、任务目标

本次任务练习各种类型文章的录入,在练习文字录入的同时加强标点符号练习以及双字词组、三字词组、四字词组和多字词组练习。

二、相关知识

在中国的语言文化中,有精彩的文字语句,还有标点符号等不可缺少的组成部分,文章中常用的标点符号见表4-2。

表4-2 常用标点符号

名 称	符 号	对应键位	名 称	符 号	对应键位
逗号	,	,	省略号	……	^
顿号	、	/或\	句号	。	.
分号	;	;	破折号	——	—(上挡键)
冒号	:	:	感叹号	!	!
双引号	""	""	书名号	《》	< >
单引号	''	''	括号	()	()

注意:有些键分为上、下两个字母或符号,这时要借助 Shift 键,即用右手打字时,左手小指按住 Shift 键,若用左手打字,则用右手小指按住 Shift 键。

三、任务实施

(一)反复练习以下标点符号

目标:录入速度达到 50 字符/分钟,3 分钟内完成录入。

, 、 : "" 《》 …… 。 ; < > —— ( )

! ? 《》:' ' < > ? / \ — …… 。

, 。 " 《》 < > 、 ; 、 ? …… ( )

》 > 《 < ? , 。 、 ; ! ( ) —

(二)文章的练习

目标:录入速度达到 50 字符/分钟,5 分钟内完成录入。

没有信仰,则没有名副其实的品行和生命。信仰是理性的延伸。信仰是人类赖以生存的众多力量之一,若是没有它,便意味着崩溃。信仰能欺蒙人,可是它有一个极大的好处:它使一个人的面貌添上一种神采。信仰是心中的绿洲,思想的骆驼队是永远走不到的。信仰不是逢场作戏,不是作为形式上的信仰,而是生平一贯地作为精神支柱去信仰。

怀疑与信仰,两者都是必需的。怀疑能把昨天的信仰摧毁,替明日的信仰开路。在生活中没有信仰的人,犹如一个没有罗盘的水手,在浩瀚的大海里随波逐流。支配战士行动的力量是信仰,使他能够忍受一切艰难、痛苦,达到他所选定的目标。

任务 4　使用手写录入

很多人,他们总是会因为不会打字而苦恼,让他们从零开始学打字又很困难,今天介绍一种新的文字录入方法。

一、任务目标

本任务将学习在外部设备上通过手写识别录入文字。通过本任务的学习,熟练掌握使用手写板。

二、相关知识

(一)手写识别

手写识别是指将在手写设备上书写时产生的有序轨迹信息转化为汉字内码的过程。

随着智能手机、掌上电脑等移动信息工具的普及,手写识别技术进入了规模应用时代。手写识别能够使用户按照最自然、最方便的输入方式进行文字输入,易学易用,可取代键盘或者鼠标。用于手写输入的设备有许多种,如电磁感应手写板、压感式手写板、触摸屏、触控板、超声波笔等。

手写识别属于文字识别和模式识别范畴,文字识别从识别过程来说分为脱机识别和联机识别两大类;从识别对象来看又分为手写体识别和印刷体识别两大类,我们常说的手写识别是指联机手写体识别。

(二)手写板介绍

手写绘图输入设备是一种输入设备,最常见的是手写板,其作用和键盘类似。手写板除用于文字、符号、图形等输入外,还可提供光标定位功能,从而手写板可以同时替代键盘与鼠标,成为一种独立的输入工具。

市场上常见的手写板通常利用 USB 接口与计算机连接,在某些计算机中,出于认证等功能需要,键盘也会附带一块手写板,如图 4-8 所示。

图 4-8　手写板

使用手写板书写时,要注意以下几点。

(1) 按汉字输写方法写字,注意书写规范,字符之间要留有间距。

（2）书写注意手眼协调，用眼睛看屏幕的同时用手在手写板上进行书写。

（3）笔与板接触即可，落笔后立即开始书写，不要断笔。

（4）多使用软件提供的联想词、同音字功能，这样能提高输入速度。

（5）如有语音功能，尽量语音和手写协同使用。

三、任务实施

下面以"搜狗拼音输入法"所带的手写录入功能为例，在记事本中录入一句话，如图 4-9 所示。其具体操作如下。

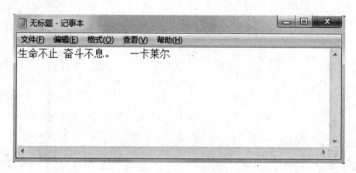

图 4-9 录入名言警句

步骤 1：启动记事本程序，按 Ctrl＋Shift 组合键切换到"搜狗拼音输入法"。

步骤 2：单击状态条上的"输入方式"图标，在弹出的快捷菜单中选择"手写输入"命令，如图 4-10 所示。

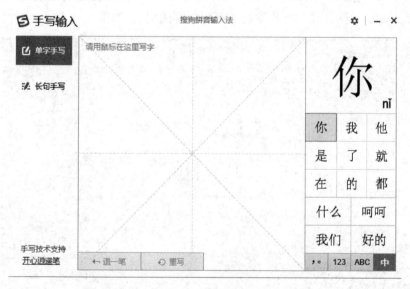

图 4-10 手写输入窗口

步骤 3：打开"手写输入"对话框，程序默认选择录入中文。先录入"生"字，将鼠标指针移动到"手写输入"对话框左侧的米字格中，鼠标指针变成 形状，然后在米字格的左上框中按住鼠标左键不放，向下拖曳鼠标，让鼠标指针移动到左下框释放鼠标，如图 4-11 所示。在录入的过程中鼠标指针会留下一条轨迹，同时，对话框右侧的选字框中会根据轨迹推测录入的汉字并同步更新。

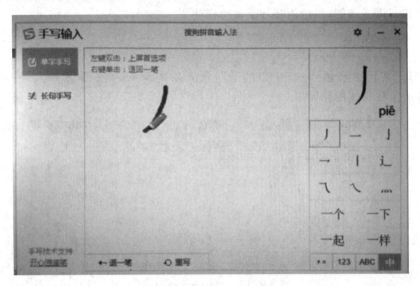

图 4-11　拖曳鼠标

步骤 4：按照相同的操作方法在米字格写完剩下的笔画，完成后，"手写输入"对话框右侧的选字框中间的第 1 个小框会显示形状和书写顺序最接近的汉字。将鼠标指针移动到这些小框中，鼠标指针变成 🖑 形状，上面的大框就会清晰地显示出当前选中的字以及读音，而下面的框中则会显示根据这些字组成的常用词组，如图 4-12 所示。

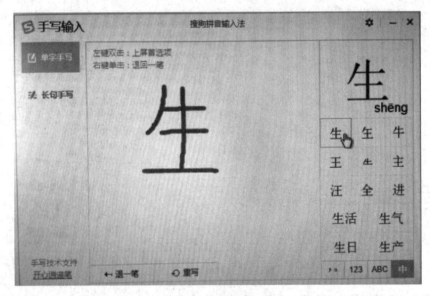

图 4-12　录入"生"字

步骤5：在记事本中录入"生"字，如图4-13所示。

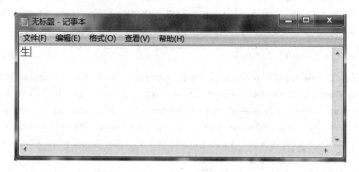

图4-13　在记事本中录入"生"字

步骤6：按照相同的操作方法，继续录入其他文字。

任务5　听打录入中英文文章

计算机技术的普及和发展，对人类的传统生活、工作方式产生了深刻的影响，对应用人才键盘操作水平能力的要求也不断提高，由"看稿件录入→对稿件排版→打印"向"听说→录入→编排→打印"的方向发展。听打是一种特殊的录入方法，先听音，后击键，属于追打，是被动的录入。只有当录入速度与准确率达到了一定的程度，并经过针对性训练，才能边听边进行录入。

一、任务目标

本任务要求拥有纯熟的指法和高度集中的注意力，通过提高英文和中文的词汇量，保证听打录入的速度和准确性。通过本任务的学习，熟练掌握听打录入中英文的技能。

二、相关知识

听打录入就是用耳听、用脑想、用手击打键盘录入文字的过程。提高中英文听打录入质量的注意事项有以下几点。

（1）在听打过程中，一定要注意力集中，不能急躁。

（2）保持正确的录入姿势和录入指法。

（3）多看书，多了解一些专业词汇，提高录入的准确率。

（4）录入中文时，遇到陌生的字、词可先用同音的代替，后期再进行校对和修改。

三、任务实施

（一）通过听打录入英文文章

下面对图4-14所示英文文章进行听打录入训练，主要目的是熟悉英文中的连读等音节变化。

There is no better school than adversity. Every defeat, every heartbreak, every loss, contains its own seed, its own lesson on how to improve my performance next time. Never again will I contribute to my downfall by refusing to face the truth and learn from my past mistakes. Because I know: gems cannot shine without polish, and I cannot perfect myself without hardship.

Now I know that there are no times in life when opportunity, the chance to be and do gathers so richly about my soul when it has to suffer cruel adversity. Then everything depends on whether I raise my head or lower it in seeking help. Whenever I am struck down, in the future, by any terrible defeat, I will inquire of myself, after the first pain has passed, how I can turn that adversity into good. What a great opportunity that moment may present… to take the bitter root I am holding and transform it into fragrant garden of flowers.

Always will I seek the seed of triumph in every adversity.

图 4-14 英文短文

（二）通过听打录入中文文章

在中文听打录入时，对于容易出错的形似而义不同，音似而义不同的汉字，必须辨别清楚，以提高录入的正确率。下面进行中文文章听打录入训练。

拼搏与成功

成功，是一件人人都梦寐以求的事。那么，要怎么做才能取得成功呢？"失败乃成功之母"，是不是只要有过失败的经历就一定会成功呢？不！不是的，每一个成功的人在面对大小不一的困难时，面对一次次失败的打击时，不悲观，不沮丧，而是化悲愤为力量，以勇敢的拼搏精神战胜困难，从而取得成功。

拼搏是一种过程，历经拼搏，便不会再因结果的好坏，而欣喜若狂或心情沮丧；拼搏是一种资本，它助我们在主动中发挥自己的最大潜能，像海燕一样在惊涛骇浪中体会搏击长空的快感；拼搏是一种境界，它既没有风花雪月的浅唱低吟，也没有初入社会的感世伤怀，它有的是冲击终点的挑战自我，是直面人生的引吭高歌。

有拼搏的精神是成功的前提。跳水名将伏明霞，当她在为亚特兰大奥运会作准备时，伤痛突然发生在她的身上，但是，顽强的拼搏精神驱使着她，坚强的斗志激励着她。因此，她把一切的伤痛都抛诸脑后，带伤训练，正是有了这种拼搏的精神，才使她一步一步地走向成功。

只要有拼搏的精神，就会有成功的希望，其实正是有了拼搏，才铸造了真正的成功，也正是有了成功，才出现了拼搏。

实训 6 练习录入单字和词组

【实训要求】

在金山打字通 2013 中，进行单字和词组的录入练习。通过练习快速掌握不同单字和词组的录入方法，尤其对于包含一级简码、键名汉字、成字字根汉字的词组的录入方法要特别注意。

【实训思路】

本实训将通过"五笔打字"模块进行录入练习,要通过"单字练习"的过关测试,才能对词组进行练习。

步骤1:启动金山打字通2013,在首页界面中单击"五笔打字"按钮。进入"五笔打字"界面,单击"单字练习" 按钮。

步骤2:打开"单字练习"界面,单击当前窗口右下角的"测试模式" 按钮,按Ctrl+Shift组合键,切换到"五笔字型输入法86版"。

步骤3:打开"单字练习过关测试"界面,要求录入速度必须达到20字/分钟,正确率达到95%,如图4-15所示。

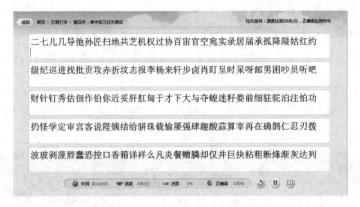

图4-15 字根过关测试练习

步骤4:测试完成并达到规定要求后,打开提示对话框 ,打开"词组练习"界面,在窗口右上角的"课程选择"下拉列表中选择"二字组词1"选项进行练习,如图4-16所示。

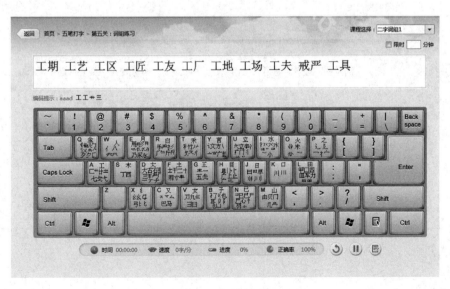

图4-16 词组练习界面

步骤 5：练习完当前课程后，可继续选择三字词组、四字词组、多字词组等进行练习。

实训 7　练习录入文章

【实训要求】

在金山打字通 2013 中进行文章录入练习，在练习的过程中要善于应用词组的录入方法，提高汉字的录入速度。

【实训思路】

本实训将通过"五笔打字"模块的"文章练习"界面进行录入练习，当遇到需要录入主键盘区中的上挡字符时，尽量做到按标准的键位指法进行击键，然后快速将手指回归至基准键位，以准备下一次的击键操作。

步骤 1：启动金山打字通 2013，在首页界面中单击"五笔打字"按钮。

步骤 2：进入"五笔打字"界面后，单击"文章练习" 　　 按钮，按 Ctrl＋Shift 组合键，切换到"五笔字型输入法 86 版"。

步骤 3：在"课程选择"下拉列表中选择练习文章。这里选择"春"，此时录入界面中显示的文章如图 4-17 所示。练习完成后，还可以继续练习其他文章。

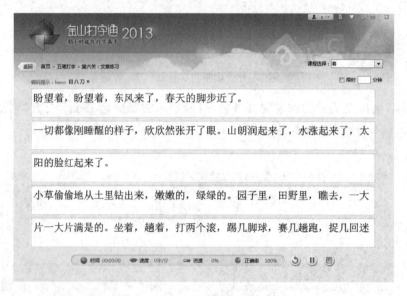

图 4-17　练习文章

项目

Word 2010 基础应用

 **情景导入**

　　小雪就快从学校毕业了，她顺利地通过易互科技有限公司的面试，开始了在公司为期半年的顶岗实习。她首先跟着公司的小王师傅学习公司的一些简单文档的制作。

任务 1　Word 2010 基本操作

　　Word 2010 是 Microsoft 公司开发的 Office 2010 办公组件之一，主要用于文字处理。随着办公自动化的发展，Word 2010 已经成为办公不可或缺的工具，Word 2010 有着出色的功能，其增强后的功能可创建专业水准的文档，可以更加轻松地与他人协同工作并可在任何地点访问用户的文件。而且利用它还可更轻松、高效地组织和编写文档，并使这些文档唾手可得，无论何时何地灵感迸发，都可捕获这些灵感。

一、任务目标

　　本任务将认识 Word 工作界面中各组成部分的作用，首先启动 Word 2010，再练习 Word 文档的新建、打开、关闭、保存等基本操作，最后退出 Word 2010。通过本任务的学习，可以掌握 Word 2010 的基本操作。

二、任务流程

新建、保存文档 → 页面设置 → 编辑岗位职责书 → 设置标题 → 设置正文

三、相关知识

在开始使用 Word 进行文字处理之前，还需要首先了解一下文档的窗口具有什么功能。当打开 Word 2010 中文版时，可以看到，Word 文档窗口是由文件选项卡、标题栏、功能区、快速访问工具栏、文档编辑区和状态栏等部分组成的。

文件选项卡替代了 Word 2007 中的 Office 按钮，可实现打开、保存、打印、新建和关闭等功能，如图 5-1 所示。

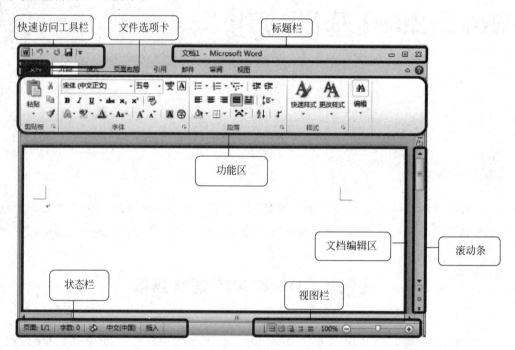

图 5-1　Word 2010 的工作界面

（1）快速访问工具栏：位于 Word 操作界面顶部的左侧，用于放置命令按钮，使用户快速启动经常使用的命令。默认情况下，"快速访问工具栏"中只有数量较少的命令，用户可以根据需要添加多个自定义命令。

（2）标题栏：标题栏位于窗口的最上方、快速访问工具栏的右侧。标题栏由文档名称、程序名称、"最小化"按钮、"最大化/向下还原"按钮和"关闭"按钮几个部分组成。

（3）文件选项卡：文件选项卡替代了 2007 版本的 Office 按钮，它在功能区左上角，是第一个选项卡按钮，打开 Word 以后，呈现蓝色。单击文件选项卡，它会下拉出一些命令按钮，其中的命令有"保存""另存为""打开""关闭""信息""最近使用的文件""新建""打印""保存并发送""帮助""选项"和"退出"。其中的"信息"命令是打开的，显示为蓝色。

（4）功能区：代替了低版本 Word 中的菜单栏和工具栏。为了便于浏览，功能区中集合若干个围绕特定功能和对象进行组织的选项卡，每个选项卡中包含多个不同的组，其中集成了各种不同的命令按钮。

（5）文档编辑区：位于操作界面的正中，所有的文本操作都是在该空白区域中完成的。

（6）滚动条：分为水平滚动条和垂直滚动条，分别位于文档编辑区的下方和右侧。当编辑区内的文本内容显示不完整时，拖动滚动条中的滑块或单击滚动条两端的三角形按钮，可左右或上下滚动屏幕，显示出需要的文本内容。

（7）状态栏：位于 Word 操作界面底部的左侧，其中显示文档的当前页数、总页数、字数、当前文档检错结果和语言状态等信息。

（8）视图栏：位于状态栏右侧，主要用于切换视图模式、调整文档显示比例。

四、任务实施

（一）启动 Word 2010 并新建文档

安装好 Office 2010 后，即可启动 Word 2010，并新建一个空白文档。常用新建文档的方法有以下 4 种，其具体操作如下。

（1）启动 Word 2010 时，程序会自动新建一个空白文档。

（2）选择"文件—新建"菜单命令，在中间的"可用模板"栏中选择"空白文档"选项，再单击"创建"按钮，如图 5-2 所示。

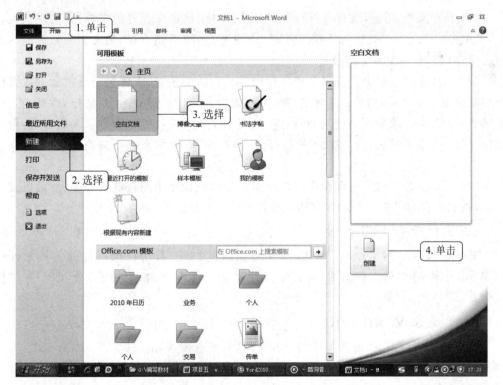

图 5-2 新建空白文档

（3）使用 Ctrl＋N 组合键，直接新建空白文档。

（4）打开"我的电脑"窗口的某个盘符或文件夹，选择文件—新建—Microsoft Word 文档命令，如图 5-3 所示，新建一份待修改文件名的 Word 文档，这时在文件名框中输入文件名，即可得到一个新建的空白文档。

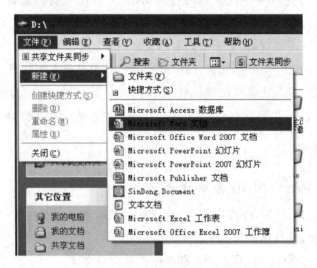

图 5-3   在文件夹中新建 Word 文档

（二）保存、另存和自动保存文档

（1）保存文档。选择文件—保存菜单命令。对于已经保存过的文档，要实现快速保存，可单击快速访问工具栏—保存按钮 ，或使用 Ctrl＋S 组合键，将文档新修改的内容直接保存到原来创建的文档中。

（2）另存文档。如果需要将文档保存到其他合适的位置、文件名需要重命名或文件类型需要重新定义时，均可以选择文件—另存为命令，打开"另存为"对话框，在其中进行正确的保存操作。文件另存也可以看作一种复制文件的方法。当文档从未保存时，使用文件—保存命令与"另存为"命令，都会打开"另存为"对话框来进行文档保存，二者功能相同。

（3）自动保存。为了避免操作过程中由于停电或操作不当造成文件丢失，可以使用 Word 的自动保存功能。自动保存相关设置如图 5-4 和图 5-5 所示。

（三）打开和关闭文档

对于已保存过的文档，可在 Word 中重新将其打开，双击已保存过的文档文件或在 Word 中使用文件—打开命令均可打开文档；使用文件—关闭命令则可将文档关闭。

（四）退出 Word 2010

编辑完文档后，若不再需要使用 Word 2010，可退出 Word 2010。方法有 3 个，其具体操作如下。

图 5-4　自动保存设置

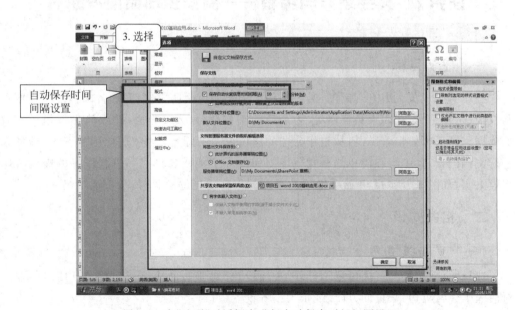

图 5-5　在"选项"对话框中进行自动保存时间间隔设置

（1）在打开需要关闭的窗口，单击"关闭"按钮 ⊠ 。

（2）选择文件—退出命令，如图 5-6 所示。

（3）在快速访问工具栏中单击 Ⓦ 按钮，在打开菜单中选择"关闭"命令。

图 5-6　关闭文档

任务 2　文字录入与编辑——制作公司岗位说明书

一、任务目标

公司为了规范人事管理制度,需要制作公司各岗位说明书,以明确各岗位的工作职责与权限、工作目标、任职人员资格等,为今后的工作评价、人员招聘、绩效管理等提供有效的依据。小王师傅带着小雪,从制作公司的岗位说明书开始,教她怎样使用 Word 软件来进行文档的撰写、编辑和简单的格式化等工作。小王师傅拿出了一份制作好的岗位说明书效果图,如图 5-7 所示,开始手把手教小雪制作公司岗位说明书。

二、相关知识

(一) 页面设置

选择"页面布局—页面设置",打开"页面设置"对话框,如图 5-8 和图 5-9 所示。在该对话框中包含页边距、页面方向、纸张大小等设置项目。

(1)页边距。在"页面设置"对话框中,单击"页边距"选项卡,设置或调整上、下、左、右选项框中的数值,可设置文字与页面边缘的距离。

(2)页面方向。在"页边距"选项卡的"方向"栏中,单击横向或纵向即可改变文档的页面方向。

易互科技有限公司岗位说明书

编　　号：SC01。

岗位名称：市场部经理。

所在部门：市场部。

一、工作关系

1. 直接上级：营销总监。
2. 直接下级：品牌运作、平面设计、客户关系专员。
3. 内部协调关系：总经理、营销总监、各部门经理。
4. 外部协调关系：相关政府部门、广告商、媒体、代理商等。

二、工作职责

1. 协助营销总监，参与公司营销管理与决策。
2. 领导建设公司市场信息系统，组织市场研究，制定产品营销组合。
3. 领导进行销售辅助管理和客户档案管理工作。
4. 内部组织的建设和管理。
5. 完成营销总监交办的其他工作任务。

三、任职资格

1. 教育水平：大学本科以上。
2. 专业：经济、管理等相关专业。
3. 培训经历：营销管理培训、外贸知识培训、法律培训。
4. 经验：5年以上工作经验，3年以上管理经历。
5. 知识：通晓公司所经营产品国内外行业动态，通晓市场营销相关知识，具备财务管理、法律等方面的知识，了解公司所经营产品技术知识。
6. 技能技巧：
   ◆ 熟练使用自动化办公软件。
   ◆ 具备基本的网络知识。
   ◆ 具备较强的英语应用能力。
7. 个人素质：具有很强的领导能力、判断与决策能力、人际能力、沟通能力、影响力、计划与执行能力。

图 5-7　"公司岗位说明书"效果图

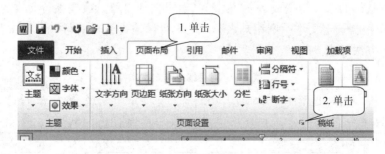

图 5-8　页面设置

（3）设置纸张大小。在"页面设置"对话框中，单击"纸张"选项卡，在"纸张大小"下拉列表中，可以选择需要的纸张类型，或可以通过设置纸张的"宽度"和"高度"，自定义纸张大小。

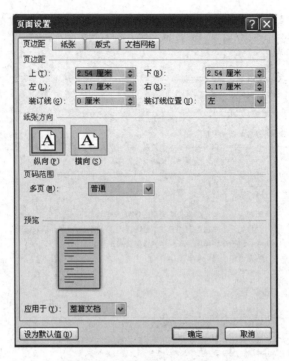

图 5-9 "页面设置"对话框

（二）文档的选定

在对 Word 中的文档进行编辑和格式设置操作时,应遵循"先选择,再操作"的原则,被选中的文本反向显示。常见的选择文本的方法如下。

（1）利用鼠标选定文本。最常用的方法是将鼠标的指针定位到要选定的文本的开始处,按下左键并扫过要选定的文本,当指针拖曳到选定的文本的末尾时,松开鼠标。也可以将鼠标指针定位在文档的选定栏内,进行文本的选择。

文本的选定栏位于文档编辑区的左侧,是紧挨垂直标尺的空白区域。当鼠标指针移入选定栏后,鼠标的指针将变成"↗"形状,通过纵向拖曳可以实现整行文本的选定。

（2）利用键盘选定文本。利用键盘选定文本可以通过编辑键与 Ctrl＋Shift 组合键来实现,常用的方法见表 5-1。

表 5-1 利用键盘选定文本

按 键 组 合	选 定 内 容
Shift＋↑	向上选定 1 行
Shift＋↓	向下选定 1 行
Shift＋→	向左选定 1 个字符
Shift＋←	向右选定 1 个字符
Shift＋Ctrl＋↑	选定内容扩展至段落首
Shift＋Ctrl＋↓	选定内容扩展至段落尾
Shift＋Ctrl＋→	选定内容扩展至单词首

续表

按　键　组　合	选　定　内　容
Shift+Ctrl+←	选定内容扩展至单词尾
Shift+Home	选定内容扩展至行首
Shift+End	选定内容扩展至行尾
Shift+Ctrl+Home	选定内容扩展至文档首
Shift+Ctrl+End	选定内容扩展至文档尾
Ctrl+A	选定整个文档

（3）选择不连续的文本。按住 Ctrl 键的同时，拖曳鼠标指针选中某些文本，释放鼠标，Ctrl 键不放，再拖曳鼠标指针选中其他的文本。

（三）文档格式化

1. 使用菜单命令格式化

（1）设置字体格式。

① 选定要进行格式化的文本。

② 选择开始—字体命令，打开如图 5-10 所示的"字体"对话框。

图 5-10　"字体"对话框

③ 在"字体"选项卡中，可以设置字体、字形、字号、颜色、下划线、特殊效果等。

（2）设置段落格式。

① 选定要进行格式化的文本。

② 选择开始—段落命令，打开如图 5-11 所示的"段落"对话框。

③ 在"缩进和间距"选项卡中，可以设置对齐方式、缩进、间距、行距等。

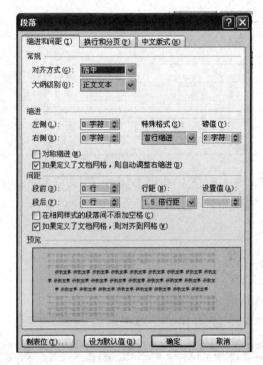

图 5-11 "段落"对话框

2. 使用"功能区"工具栏格式化

选定要格式化的文本后,可以利用如图 5-12 所示的工具栏,对字体、字号、字形、字体颜色、对齐方式、项目符号、缩进量等进行设置。

图 5-12 功能区工具栏的常用功能按钮

三、任务实施

(一)新建、保存文档

1. 新建文档

(1)单击"开始"按钮,打开"开始"菜单,选择程序—Microsoft Office—Microsoft Word 2010 命令,启动 Word 2010 应用程序。

(2)启动 Word 程序后,系统将自动新建一个空白文档"文档1"。

2. 保存文档

(1)选择文件—保存命令,打开"另存为"对话框。

（2）在"保存位置"下拉列表框中，选择文档的保存位置。这里，选择的保存位置为"D：\易互科技有限公司\人力资源部\"。

（3）在"文件名"组合框中输入文档名称"公司岗位说明书"。

（4）在"保存类型"列表框中为文档选择合适的类型，如"Word文档"。

（5）单击"保存"按钮。保存文档后，Word标题栏上的文档名称会随之更改。

（二）设置页面

与用户用笔在纸上写字一样，利用Word进行文档编辑时，先要进行纸张大小、页边距、页面方向等页面设置操作。

（1）选择页面布局—页面设置命令，打开"页面设置"对话框。

（2）切换到"纸张"选项卡，如图5-13所示，设置纸张大小为A4。

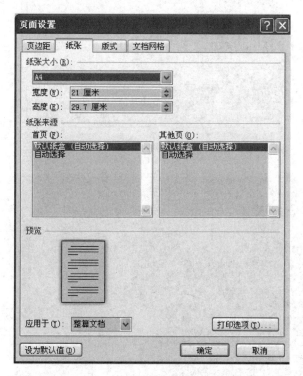

图5-13 设置纸张大小

（3）切换到"页边距"选项卡，如图5-14所示，设置页边距，上、下边距均为2.5厘米，左、右边距均为2.8厘米。设置纸张方向为"纵向"。

（三）编辑岗位说明书

（1）单击任务栏上的"输入法"指示器按钮 ，根据需要和习惯选择不同的输入法。

（2）录入说明书内容，如图5-15所示。

（四）设置标题

文档编辑完成后，通过字体、段落、项目符号和编号、对齐等设置可对文档进行美化和修饰。

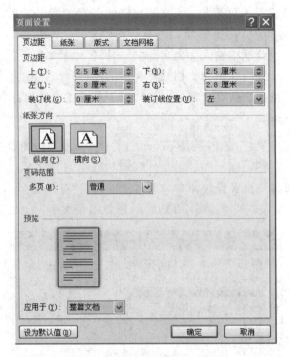

图 5-14 设置页边距和纸张方向

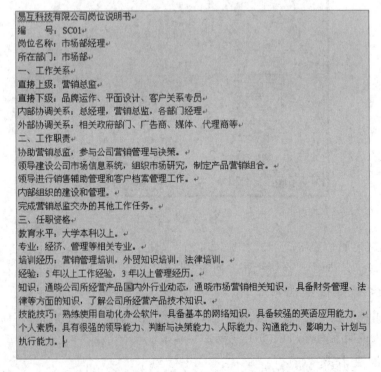

图 5-15 "岗位说明书"文档内容

这里，将标题的字体格式设置为宋体、二号、加粗、深蓝色；段落格式为居中、段前0.5 行间距、段后 1 行间距，格式化的效果如图 5-16 所示。

图 5-16 标题的格式化效果

（1）设置字体格式。选中标题文字"易互科技有限公司岗位说明书"，利用如图 5-12 所示的功能区工具栏进行字体的设置。

（2）设置段落格式。

① 选中标题，单击"功能区"工具栏上的居中按钮，实现段落居中。

② 选择"功能区"工具栏上的段落右侧的按钮 ▣ ，打开"段落"对话框，如图 5-17 所示，在"缩进和间距"选项卡中设置"间距"为段前 0.5 行，段后 1 行。

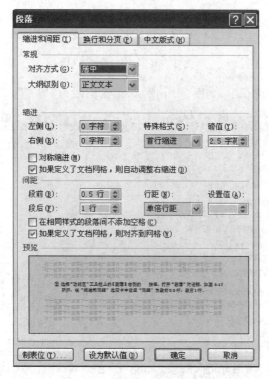

图 5-17 设置标题的段落格式

（五）设置正文

（1）设置正文字体格式。设置正文所有字体为宋体、小四号，字符间距加宽 0.5 磅。

① 选中正文所有字符。

② 选择"功能区"工具栏字体右侧的按钮 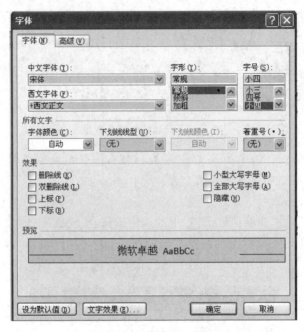，打开"字体"对话框，在"字体"选项卡中，设置中文字体为"宋体"，字号为"小四"，其余不变，如图 5-18 所示。

图 5-18　"字体"对话框

③ 切换到"高级"选项卡，如图 5-19 所示，设置间距为"加宽"，磅值为"0.5 磅"。

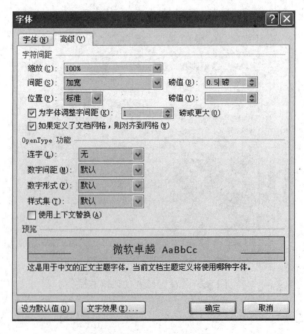

图 5-19　设置字符间距

（2）设置正文段落格式。设置正文所有段落行距为固定值 20 磅。

① 选中正文所有段落。

② 选择"功能区"工具栏字体右侧的按钮 ，打开"段落"对话框，在"间距"栏中设置行距为"固定值"，设置值为"20 磅"，如图 5-20 所示。

图 5-20　设置行距

（3）设置正文前 3 段的格式。将正文的前 3 段字体加粗、首行缩进 2 字符。

① 选中正文前 3 段。

② 单击"功能区"工具栏上的"加粗" **B** 按钮。

③ 选择"功能区"工具栏段落右侧的按钮 ，打开"段落"对话框，在"缩进"栏中设置"特殊格式"为"首行缩进"，磅值为"2 字符"，如图 5-21 所示。

（4）设置正文标题行格式。设置标题行"一、工作关系"的格式为宋体、四号、加粗、段前段后各 0.5 行间距，并使用格式刷工具复制格式设置到标题行"二、工作职责"和"三、任职资格"。

① 选中标题行文本"一、工作关系"。

② 将其格式设置为宋体、四号、加粗、段前段后各 0.5 行间距。

③ 保持选中文本状态，双击工具栏上的格式刷按钮 格式刷，使其呈凹陷状态，移动鼠标，此时鼠标指针变成一把刷子，按住鼠标左键，刷过"二、工作职责"和"三、任职资格"，这样"二、工作职责"和"三、任职资格"的段落就具有同"一、工作关系"一样的文本格式。

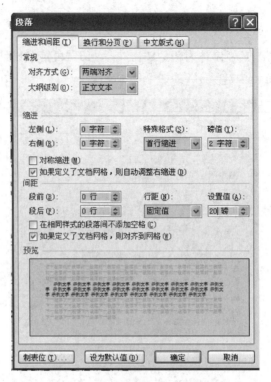

图 5-21　设置首行缩进

　　④ 不再使用格式刷时,用鼠标再次单击格式刷按钮取消格式刷功能,鼠标指针变回正常形状。

　　(5) 设置"一、工作关系"具体内容的格式。为"一、工作关系"具体内容部分添加项目编号,添加后的效果如图 5-22 所示。

图 5-22　添加编号

① 选中这部分的 4 个段落。

② 单击工具栏上的编号按钮三，这 4 段文字自动获得如"1.""2."的编号，如图 5-22 所示。

③ 选中添加项目编号后的段落，单击"工具栏"上的增加缩进量按钮三，适当增加段落的缩进量，更能显示文档的层次性。

操作提示

设置编号或项目符号也可以选择工具栏上三按钮旁的下拉箭头，选择定义新编号格式或定义新项目符号命令，打开"定义新编号格式"对话框或"定义新项目符号格式"对话框，选择"编号样式""编号格式"和"对齐方式"命令来设置编号，选择。如图 5-22、图 5-23 所示。

图 5-23 添加项目符号

(6) 设置"二、工作职责"具体内容的格式。参照"一、工作关系"具体内容的格式设置方法，为"二、工作职责"的具体内容添加项目编号，如图 5-24 所示。

> **二、工作职责**
> 1. 协助营销总监，参与公司营销管理与决策。
> 2. 领导建设公司市场信息系统，组织市场研究，制定产品营销组合。
> 3. 领导进行销售辅助管理和客户档案管理工作。
> 4. 内部组织的建设和管理。
> 5. 完成营销总监交办的其他工作任务。

图 5-24 工作职责具体内容添加项目编号的效果

(7) 设置"三、任职资格"具体内容格式。

① 参照"一、工作关系"具体内容的格式设置方法，为"三、任职资格"的具体内容添加

项目编号,效果如图 5-25 所示。

三、任职资格

1. 教育水平：大学本科以上。
2. 专业：经济、管理等相关专业。
3. 培训经历：营销管理培训，外贸知识培训，法律培训。
4. 经验：5 年以上工作经验，3 年以上管理经历。
5. 知识：通晓公司所经营产品国内外行业动态，通晓市场营销相关知识，具备财务管理、法律等方面的知识，了解公司所经营产品技术知识。
6. 技能技巧：
7. 熟练使用自动化办公软件。
8. 具备基本的网络知识。
9. 具备较强的英语应用能力。
10. 个人素质：具有很强的领导能力、判断与决策能力、人际能力、沟通能力、影响力、计划与执行能力。

图 5-25　"三、任职资格"具体内容添加项目编号的效果

② 修改编号为 7、8、9 段落的编号为项目符号◆。

第一,选中编号为 7、8、9 的段落。

第二,选择工具栏上 ☰ ▾ 旁的下拉箭头,打开对话框,在"项目符号库"中选择 ◆ 符号,如图 5-26 所示。

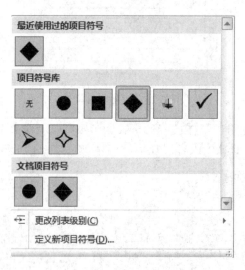

图 5-26　添加项目符号

第三,单击工具栏上的增加缩进量按钮 ,为添加项目符号的段落增加缩进量。效果如图 5-27 所示。

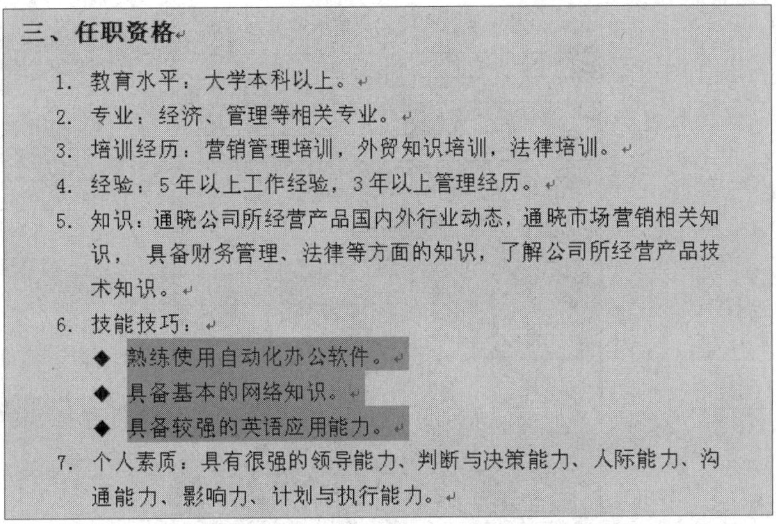

三、任职资格

1. 教育水平：大学本科以上。
2. 专业：经济、管理等相关专业。
3. 培训经历：营销管理培训，外贸知识培训，法律培训。
4. 经验：5年以上工作经验，3年以上管理经历。
5. 知识：通晓公司所经营产品国内外行业动态，通晓市场营销相关知识，具备财务管理、法律等方面的知识，了解公司所经营产品技术知识。
6. 技能技巧：
   ◆ 熟练使用自动化办公软件。
   ◆ 具备基本的网络知识。
   ◆ 具备较强的英语应用能力。
7. 个人素质：具有很强的领导能力、判断与决策能力、人际能力、沟通能力、影响力、计划与执行能力。

图 5-27 "三、任职资格"具体内容添加项目编号和项目符号的效果

任务3 表格设置——制作公司会议记录表

一、任务目标

公司的行政事务中，经常会有一些大大小小的会议，会议记录是研究和总结会议的重要依据，可以向上级通报信息，使上级机关了解有关决议、指示的执行情况；是编写会议纪要和会议简报的重要参考素材；是重要的档案资料，在编史修志、查证组织沿革、干部考核使用，以及落实政策、核实历史事实等方面，起着重要的凭证作用。今天小王师傅给小雪拿了一份"公司会议记录表"，如图 5-28 所示，准备教小雪用 Word 表格为公司制作一份会议记录表，让小雪熟悉表格的制作、编辑、格式化等操作。

二、任务流程

新建、保存文档 → 输入表格标题 → 创建表格 → 编辑表格 → 美化表格

三、相关知识

（一）选定表格

（1）选定单元格：将鼠标指针放在某单元格的左侧，出现向右的黑色箭头"➜"时，单击左键。

（2）选定行：将鼠标指针移动到某一行最左侧边线处，指针变为向右箭头"⬈"时，单击可选定整行。

（3）选定列：将鼠标指针移动到某一列最上方边线处，指针变为向下箭头"⬇"后，单

易互科技有限公司会议记录表

时间	年 月 日 时	地点	
主持人		记录人	
参与人员			
缺席人员及缺席原因			
会议主题			
会议要点			
会议内容			
散会 主持人（签名）： 记录人（签名）：			

图 5-28 公司会议记录表效果图

击可选定整列。

(4) 选定整张表格：将鼠标指针移入表格内，左上角出现移动符号“⊞”时，在该符号上单击。

（二）表格中的插入操作

1. 增加行

(1) 在要插入新行的位置选定一行或多行。

① 右击—插入—在上方插入行或在下方插入行命令。

② 选择布局工具栏—在上方插入行或在下方插入行命令。

(2) 将光标移到表格右侧换行符前按 Enter 键，可快速地在其下方插入一行。

(3) 如果想在表尾添加一行，可将光标移到表格最后一个单元，然后按 Tab 键即可。

2. 增加列

在要插入新列的位置选定一列或多列，插入方法同增加行的方法。

（三）表格中的删除操作

(1) 删除行/列。

① 删除行：选定要删除的一行或多行，右击—删除行命令或布局—删除—删除行命令。

② 删除列：选定要删除的一列或多列，右击—删除列命令或布局—删除—删除列命令。

(2) 删除整张表格。选定要删除的整张表格，右击—删除表格命令或布局—删除—

删除表格命令。

（四）合并/拆分单元格

（1）合并单元格。合并单元格常用的操作如下。

① 选定要合并的单元格,选择布局—合并—合并单元格命令。

② 选定要合并的单元格,右击选定的单元格,从弹出的快捷菜单中选择合并单元格命令。

（2）拆分单元格。可以拆分1个单元格,也可以拆分多个单元格。拆分单元格常用的操作如下。

① 选定要拆分的单元格,选择布局—合并—拆分单元格命令。

② 选定要拆分的单元格,右击选定的单元格,从弹出的快捷菜单中选择拆分单元格命令。

（五）设置单元格中文本的对齐方式

通常情况下,"段落"的对齐方式有5种:左对齐、居中、右对齐、两端对齐和分散对齐。这些对齐方式是指水平方向的对齐。

在表格中,单元格的对齐方式除水平方向的对齐外,还包括垂直方向的对齐。因此,单元格中的对齐方式包括靠上两端对齐、靠上居中对齐、靠上右对齐、中部两端对齐、中部居中、中部右对齐、靠下两端对齐、靠下居中对齐和靠下右对齐这9种对齐方式。设置表格内文本的对齐方式操作如下。

（1）选中要设置对齐方式的单元格。

（2）单击布局工具栏上的对齐方式按钮,可以从列表中选择需要的对齐方式,如图5-29所示。

图5-29　单元格对齐方式设置

四、任务实施

（一）新建并保存文档

（1）启动 Word 2010 程序,新建空白文档"文档1"。

（2）将创建的新文档以"公司会议记录表"为名,保存到"D:\易互科技有限公司\行政部"文件夹中。

（二）输入表格标题

（1）在文档开始位置输入表格标题文字"易互科技有限公司会议记录表"。

（2）按 Enter 键换行。

（三）创建表格

（1）选择插入工具栏—表格—插入表格命令，打开如图 5-30 所示"插入表格"对话框。

图 5-30　"插入表格"对话框

（2）通过观察图 5-28 的"公司会议记录表"可知，我们需要创建 1 个 8 行 4 列的表格，所以在对话框中分别输入要创建的表格列数为"4"，行数为"8"。

（3）单击"确定"按钮，出现如图 5-31 所示表格。

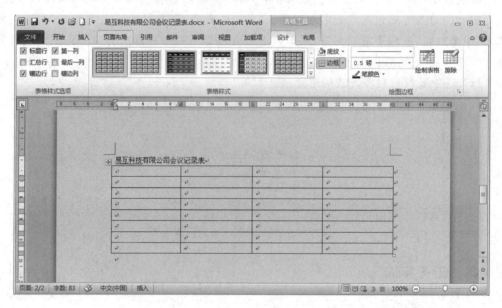

图 5-31　创建 1 个 8 行 4 列的表格

操作提示

自动创建的表格会以纸张的正文部分，即左右边距之间的宽度，平均分成表格列数的宽度作为列宽，以 1 行当前文字的高度作为行高绘制表格。

创建表格常用方法有 3 种。

（1）利用插入工具栏—表格—插入表格，调出插入表格对话框，在其中输入表格的列数和行数。

（2）使用插入工具栏—表格中的手动插入表格，拖曳鼠标构造需要的行数和列数。如图 5-32 所示。

图 5-32　手动绘制表格方法

（3）单击"设计"工具栏—绘图边框—绘制表格按钮，从外边框开始，依次手动绘制外边框和内部的框线。

对于初学者，推荐使用前两种比较标准的创建方法。

（四）编辑表格

（1）编辑表格内容。按图 5-33 所示输入表格的内容，每输完 1 个单元格中的内容，可按 Tab 键切换至下一单元格继续输入。

易互科技有限公司会议记录表			
时间	年　月　日　时	地点	
主持人		记录人	
参与人员			
缺席人员及缺席原因			
会议主题			
会议要点			
会议内容			
散会			

图 5-33　"公司会议记录表"内容

（2）合并单元格。

① 选中表格第 3 行的第 2、3、4 单元格。

② 右击—合并单元格

③ 如图 5-34 所示，合并其他需要合并的单元格。

④ 在合并后的最后一行单元格中按样本输入"主持人（签名）："和"记录人（签名）："字样。

（3）保存文件。

图 5-34　编辑后的公司会议记录表

（五）美化表格

（1）设置表格标题格式。将表格标题文字的格式设置为：黑体、二号、居中、段后间距 1 行。最终效果如图 5-35 所示。

图 5-35　标题设置效果图

① 选中标题文字"易互科技有限公司会议记录表"。

② 利用"开始"工具栏上的按钮，将字体设置为"黑体"、字号设置为"二号"。

③ 利用"开始"工具栏上的按钮，将段落的对齐方式设置为"居中"。

④ 利用"段落"对话框，将段后间距设置为 1 行。

（2）设置表格内文本的格式。

① 选中整张表格。将鼠标指针移到表格上，表格左上角出现 ⊞ 符号，单击该符号，可选中整张表格。

② 利用"开始"工具栏上的按钮，将字体设置为"宋体"、字号设置为"小四"。

③ 将表格中已输入内容的单元格的对齐方式设置为"中部居中"。

操作提示

　　"开始"工具栏上的段落对齐按钮只是设置文字在水平方向上的左、中或右对齐，而在表格中，既要考虑文字水平方向的对齐，又要考虑在垂直方向的对齐，所以这里使用单元格中"中部居中"方式,使得单元格中的内容处于单元格的正中。

(3) 设置表格行高。

① 使用"表格属性"对话框调整行高。将表格第1、2、5行的行高设置为0.8厘米,第3、4、6行的行高设置为2厘米。

(a) 选中表格第1、2、5行。

(b) 选择布局工具栏—表—属性命令,打开"表格属性"对话框。

(c) 切换到"行"选项卡设置表格的行高,选择"指定高度"复选框,指定高度为0.8厘米,如图5-36所示,单击"确定"按钮。

图 5-36 设置表格行高

(d) 类似地,选中表格3、4、6行,将行高设置为2厘米。

② 使用鼠标指针调整第7、8行的行高。将鼠标指针指向"会议内容"一行的下框线,鼠标指针变成双向箭头时,按住鼠标左键向下拖曳,增加"会议内容"一行的行高。

设置表格行高后的表格效果如图5-37所示。

操作提示

调整表格列宽的方法类似于行高,可使用"表格属性"对话框的"列"选项卡设定列的列宽,也可使用鼠标指针调整选定列的列宽。在调整的过程中,若不想影响其他列宽度的变化,可在拖曳时按住键盘上的Shift键;若想实现微调,可在拖曳时按住键盘上的Alt键。

(4) 设置表格的边框样式。将表格内边框线条设置为3/4磅,外边框为1.5磅的黑色实线。

① 选中整张表格。

② 选择设计工具栏—绘图边框命令,打开"边框和底纹"对话框。

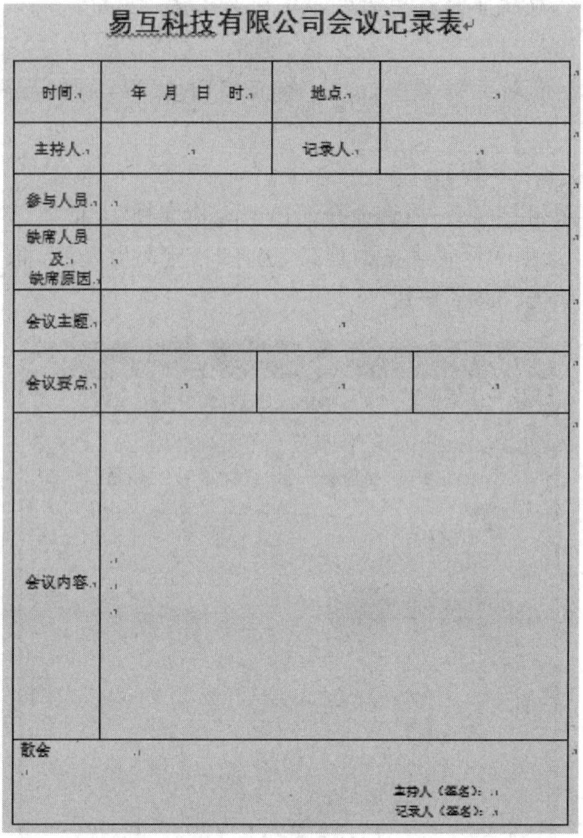

易互科技有限公司会议记录表

时间	年 月 日 时	地点	
主持人		记录人	
参与人员			
缺席人员及缺席原因			
会议主题			
会议要点			
会议内容			
散会 主持人（签名）： 记录人（签名）：			

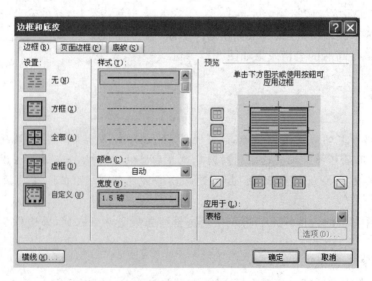

图 5-37　设置表格行高后的表格效果

③ 切换到“边框”选项卡，设置为“全部”框线，线型为“实线”，宽度为“3/4 磅”，可以在右侧的“预览”框中看到效果，如图 5-38 所示。

图 5-38　设置全部框线为 3/4 磅的黑色实线

④ 单击右侧的"预览"中外边框处,将细实线的外边框线取消,如图 5-39 所示。

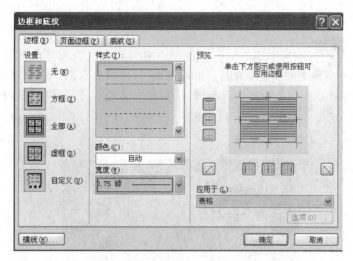

图 5-39 取消表格外框线

⑤ 选择宽度是 1.5 磅的实线,再单击表格的外框线处或外框线的按钮,使外框应用的黑色实线,如图 5-40 所示,单击"确定"按钮。

图 5-40 外框线设置为 1.5 磅的黑色实线

(5) 保存文档。

任务4 绘制和编辑图形、艺术字——制作公司宣传单

宣传单是目前宣传企业形象的手段之一,它能非常有效地把企业形象提升到一个新的层次,更好地把企业的产品和服务展示给大众,能详细说明产品的功能、用途及其优点

（与其他产品不同之处），诠释企业的文化理念，所以宣传单已经成为企业必不可少的形象宣传工具之一。

一、任务目标

最近，公司业务越来越好，为了进一步开拓市场，公司决定制作一份宣传单，以提高公司的知名度和影响力。小王师傅告诉小雪，在公司的各种宣传活动中，使用纸质宣传单是一种传统且具有较好效果的宣传方式。现在，他们打算利用 Word 提供的绘图工具完成公司宣传单的制作，如图 5-41 所示。

图 5-41　公司宣传单

二、任务流程

新建并保存文档 → 页面设置 → 编辑图形 → 插入和编辑艺术字 → 添加文本框

三、相关知识

（一）Word 自绘图形

（1）插入"自选图形"。

Word 2010 中的自选图形是指用户自行绘制的线条和形状，用户还可以直接使用 Word 2010 提供的线条、箭头、流程图、星星等形状组合成更加复杂的形状。在 Word 2010 中绘制自选图形的步骤如下。

步骤 1：打开 Word 2010 文档窗口，切换到"插入"功能区。在"插图"分组中单击"形状"按钮,并在打开的形状面板中单击需要绘制的形状(例如,选中"箭头总汇"区域的"右箭头"选项),如图5-42所示。

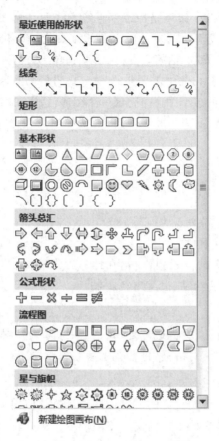

图5-42 插入自选图形

步骤2:将鼠标指针移动到 Word 2010 页面位置,按下左键拖动鼠标即可绘制椭圆形。如果在释放鼠标左键以前按下 Shift 键,则可以成比例绘制形状;如果按住 Ctrl 键,则可以在两个相反方向同时改变形状大小。将图形调整至合适大小后,释放鼠标左键完成自选图形的绘制。

(2)编辑图形。绘制后的几何图形允许对其进行编辑。如移动、删除、改变大小、配色、变换线型等。

① 选定图形。将鼠标指针指向图形,单击鼠标左键,图形框线上会立即出现控制点,称作选定或选中。如果是直线则在两端各有一个控制点,其他图形一般会出现8个控制点。

如果要一次选中多个图形,可以按住 Shift 键,然后再单击所需的各个图形。

② 移动图形。鼠标指针指向被选中的图形,当鼠标呈现十字双向箭头状态时,按住左键并拖曳鼠标,该图形就可以被移到其他位置。

③ 删除图形。图形被选中后,按 Delete 或 Backspace 键,该图形即被删除。

④ 改变图形的大小。首先选中图形,然后把鼠标指针指向控制点,当鼠标指针变成

双向箭头"↔""↕""↖"或"↗"时,拖曳鼠标可分别在水平、垂直或对角线方向改变图形的尺寸,如果图形是直线则改变其长度或角度。

⑤ 改变图形的线型。改变线型是指改变直线的线型。画直线前可以定义线型,对已画出的直线也可以修改其线型。方法是单击格式工具栏—形状轮廓—"虚线"—"其他线条"命令,打开"设置形状格式"对话框,选择"线型"选项卡,然后设置所需的线型。

⑥ 图形组合与取消组合。选中需要组合在一起的多个图形后,单击格式工具栏—排列—组合命令,可以将选中的多个图形组合成一个图形,这样在移动图形时会一起移动。

取消图形组合方法是右击选中的组合图形,从弹出的快捷菜单中选择"取消组合"命令,可取消选中图形的组合。

(二) 制作艺术字

1. 插入艺术字

(1) 选择插入工具栏—文本—艺术字命令。

(2) 单击所需的艺术字样式。

(3) 在所要插入艺术字的位置弹出"请在此放置您的文字"的文本框,输入所需的文字,可根据需要设置字体、字号、加粗及倾斜效果。

2. 修改艺术字

鼠标双击插入艺术字的文本框边框处,在格式工具栏—艺术字样式,单击右下角的箭头,弹出"设置文本效果格式"对话框,进行艺术字效果设置。

(三) 文本框

文本框是一种可移动、可调大小的文字或图形容器。使用文本框,可以在一页上放置数个文字块,或使文字按与文档中其他文字不同的方向排列。

文本框根据具体内部的文字方向可分为横排文本框和竖排文本框。文本框中文本的编辑和格式设置与 Word 文档中文本的操作类似。

四、任务实施

(一) 新建并保存文档

(1) 启动 Word 2010 程序,新建空白文档"文档 1"。

(2) 将创建的新文档以"公司宣传单"为名,保存到"D:\易互科技有限公司\行政部"文件夹中。

(二) 页面设置

(1) 选择页面布局工具栏—纸张大小、纸张方向、页边距命令。

(2) 将纸张大小设置为 16 开,纸张方向为"纵向",页边距为默认值。

(三) 编辑图形

1. 插入"新月形"

(1) 单击插入工具栏—插图—形状—基本形状—新月形按钮,鼠标指针变成十字形状,如图 5 43 所示。

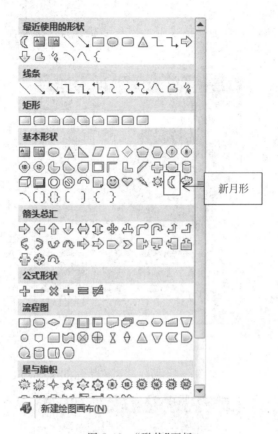

图 5-43 "形状"面板

(2) 按住鼠标左键拖曳,在文档窗口中画出如图 5-44 所示的"新月形",松开鼠标
左键。

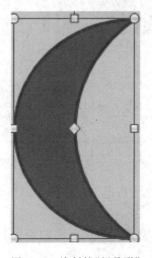

图 5-44 绘制的"新月形"

2. 编辑"新月形"

（1）填充图形颜色。

① 用鼠标单击"新月形"，选择格式工具栏—形状样式—形状填充—其他填充颜色命令，打开如图 5-45 所示的"颜色"对话框。

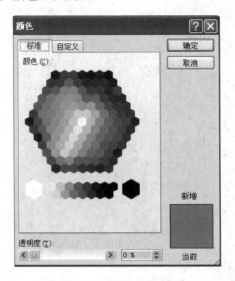

图 5-45   "颜色"对话框

② 选择"自定义"选项卡，如图 5-46 所示，定义颜色的 RGB 值。

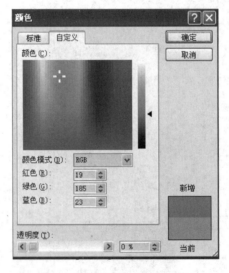

图 5-46   "自定义"颜色选项卡

③ 单击"确定"按钮后返回文档，适当调整图形的边框粗细，得到如图 5-47 所示的图形填充效果。

（2）旋转图形。选中图形，将鼠标指向图形的绿色控制点，进行自由旋转，如图 5-48 所示。

图 5-47　新月形的颜色填充效果　　　　　图 5-48　旋转后的图形

（3）调整图形大小和位置。选中图形，用鼠标拖曳其控制点，调整 U 形的大小，然后将图形移到如图 5-49 所示的位置。

（4）复制图形。

① 选中调整好的图形。

② 先右击在下拉菜单中选择复制（或 Ctrl＋C 组合键），然后右击，在弹出的快捷菜单中选择粘贴（或 Ctrl＋V 组合键），对选中的图形进行复制。

（5）翻转图形。

① 选中复制好的图形。

② 格式工具栏—排列—旋转—垂直翻转命令，再选择"水平翻转"命令。

③ 移动图形至图 5-50 所示的位置。

图 5-49　调整后的图形效果　　　　　图 5-50　复制好的新月形

④ 将复制后的新月形填充颜色，颜色设置为 RGB(98,191,13)的过渡效果。

3. 插入"圆角矩形"

（1）单击插入工具栏—形状—矩形—圆角矩形按钮，如图 5-51 所示。

（2）按住 Shift 键，同时按住鼠标左键拖曳，在文档中绘制出一个如图 5-52 所示的圆角正方形。

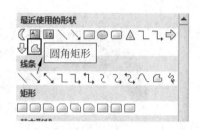

图 5-51　插入圆角矩形　　　　　　图 5-52　绘制的圆角正方形

操作提示

若想画出这种图形的特殊图形,则在绘制该图形时,可先按住 Shift 键,再绘制该图形。如果需要绘制正方形、圆形等图形时,则可采用该方法来实现。

4. 复制"圆角正方形"

(1) 选中绘制好的圆角正方形。

(2) 将该图形复制 4 份,然后按图 5-53 所示放置 5 个圆角正方形。

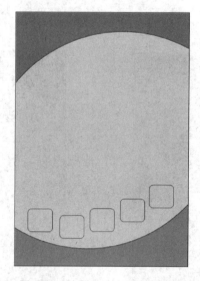

图 5-53　绘制的 5 个圆角正方形

5. 填充"圆角正方形"

(1) 用鼠标双击左边第一个圆角正方形,绘图格式工具栏—形状样式—形状填充—图片命令,弹出"插入图片"对话框。

(2) 从"查找范围"下拉列表中选择所在位置的图片。

(3) 单击"插入"按钮即可,同样的方式把其余 4 个圆角正方形中填充相应的图片,完成填充后的效果如图 5-54 所示。

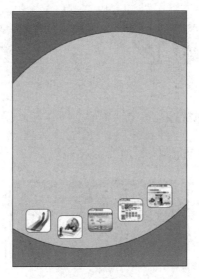

图 5-54　添加圆角正方形的宣传单

（四）插入和编辑艺术字

1. 插入艺术字

（1）选择插入工具栏—文本—艺术字命令，打开如图 5-55 所示的艺术字样式。

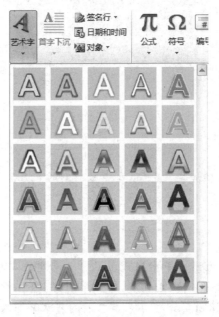

图 5-55　艺术字样式图

（2）选择需要的艺术字样式，选择第 1 行第 4 列的样式。

（3）在需添加艺术字的地方立即弹出一个艺术字"请在此放置您的文字"字样的文本框，如图 5-56 所示。

图 5-56   编辑"艺术字"文字文本框

(4) 在"请在此放置您的文字"文本框中输入标题文字"优化服务",设置字体为"华文行楷"、字号为 40。

(5) 制作的艺术字插入页面中,如图 5-57 所示。

图 5-57   插入艺术字标题

操作提示

由于插入艺术字默认的版式为"嵌入型",被绘制的新月形遮盖住,在后面的编辑中可通过设置调整其位置。

2. 编辑艺术字

(1) 选中插入的艺术字。

(2) 设置艺术字环绕方式。单击格式工具栏—排列—位置—其他布局选项命令,弹出"布局"对话框,单击"文字环绕"选项卡,选择浮于文字上方命令,或者右击,选择自动换行—浮于文字上方命令,如图 5-58 所示。调整后的艺术字如图 5-59 所示。

(五)添加文本框

1. 添加文本框

(1) 单击插入工具栏—文本框—绘制文本框命令,当鼠标指针变成十字后,按住鼠标左键拖曳到合适位置,释放鼠标左键,得到横排文本框。

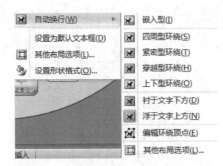

图 5-58 下拉菜单设置文字环绕方式

图 5-59 制作好的艺术字效果

（2）在文本框中输入如图 5-60 所示的文本内容。

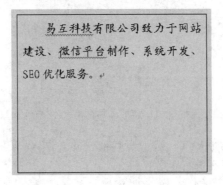

图 5-60 文本框中的文本内容

（3）设置文本框中文字格式。选中文本框中的文本，设置其格式为楷体_GB2312、三号、加粗、段落首行缩进 2 字符。

（4）适当调整文本框的大小，使其能够适应文本，设置完成后效果如图 5-61 所示。

图 5-61　文本框中文字格式化后的效果

（5）设置文本框的边框格式。选中文本框，将文本框的线条颜色设置为"无线条颜色"。

2．添加竖排文本框

（1）若要插入竖排文本框，则单击插入工具栏—文本框—绘制竖排文本框，当鼠标指针变成十字后，按住鼠标左键拖曳到合适位置，释放鼠标左键，得到竖排文本框。

（2）在文本框中输入如图 5-62 所示内容。

图 5-62　竖排文本框的文本内容

（3）设置文本框中文字格式。选中文本框中的文本，设置其格式为黑体、二号、加粗、深蓝色、段后间距 0.5 行、2 倍行距。

（4）分别将竖排文本框中的第 2 行和第 3 行文字的首行缩进设置为 1.5 字符和 3 字符。

（5）适当调整文本框的大小，使其能够适应文本，设置完成后效果如图 5-63 所示。

（6）设置竖排文本框的边框格式。将文本框的线条颜色设置为"无线条颜色"。

图 5-63 竖排文本框中文字格式化后的效果

实训 8 制作公司年度宣传计划

如图 5-64 所示，制作 2016 年公司宣传工作计划。

2016 年公司宣传工作计划

为统一思想，提高员工素质，增强凝聚力，塑造公司良好形象，更好地做好新形势下的企业宣传工作，推动企业文化建设，制定本计划。

一、指导思想

坚持宣传党的路线方针政策，以经济建设为中心，围绕增强企业凝聚力，突出企业精神的培育，把凝聚人心，鼓舞斗志，以公司的发展作为工作的出发点和落脚点，发挥好舆论阵地的作用，促进企业文化建设。

二、宣传重点

◇ 公司重大经营决策、发展大计、工作举措、新规定、新政策等。

◇ 党的方针政策、国家法律法规。

◇ 先进事迹、典型报道、工作创新、工作经验。

◇ 员工思想动态。

◇ 公司管理上的薄弱环节，存在的问题。

◇ 企业文化宣传。

三、具体措施

1.端正认识，宣传工作与经济工作并重。

2.强化措施，把宣传工作落到实处。

  1）建立公司宣传网络，组建一支有战斗力的宣传队伍。

  2）目3月份开始恢复《公司简报》。

  3）黑板报每半月一期。

  4）宣传栏由公司办公室负责根据需要不定期更换。

  5）更新、增添标语牌。

  6）做好专题宣传活动。

  7）开展评优树先工作，体现人本精神。

  8）群团组织要广泛开展文体娱乐活动，既要轰轰烈烈、扎扎实实，有要讲究实效。

  9）各分公司、部室要开好班前班后会。

  10）加强对外宣传力度，主要是公司形象宣传和产品广告宣传等。

图 5-64 "2016 年公司宣传工作计划"效果图

(1) 新建一份 Word 文档，将文档以“2016 年公司宣传工作计划”为名保存。

(2) 录入和编辑文档。

(3) 设置文档标题格式为隶书、二号、居中、段前及段后间距各 12 磅。

(4) 设置正文为宋体、小四号、首行缩进 2 字符、行距为固定值 20 磅。

(5) 设置正文的标题行格式为宋体、四号、加粗。

(6) 为“宣传重点”下面的各项内容添加项目符号。

(7) 为正文最后的 10 个自然段添加项目编号，并适当增加缩进量。

(8) 保存文档。

实训 9　制作员工培训计划表

如图 5-65 所示，制作公司员工培训计划表。

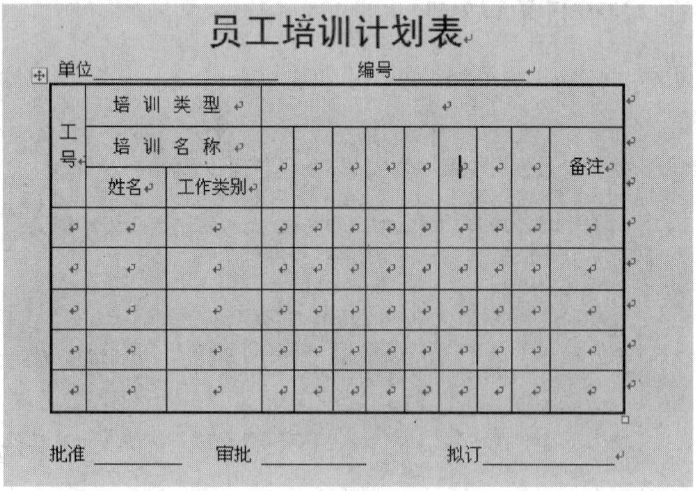

员工培训计划表

单位________　　编号________

工号	培训类型										
	培训名称										备注
	姓名	工作类别									

批准______　审批______　拟订______

图 5-65 “员工培训计划表”效果图

(1) 新建 Word 文档，以“员工培训计划表”为名保存文档。

(2) 输入表格标题“员工培训计划表”“单位”和“编号”。

(3) 创建一个 8 行 12 列的表格。

(4) 如图 5-65 所示，将单元格进行合并。

(5) 录入表格中的文字。

(6) 在表格下方输入文本“批准”“审核”“拟订”。

(7) 设置表格的标题格式为“黑体”“二号”“居中对齐”。

(8) “单位”“编号”“批准”“审核”“拟订”文字后面的横线采用下划线处理。

(9) 将表格内的文字设置为宋体、五号、中部居中对齐，其中“培训类别”和“培训名称”字符间距加宽 4 磅。

(10) 设置表格的行高 0.8 厘米，根据需要适当调整列宽。

(11) 设置表格边框为内框线 0.75 磅、外框线 1.5 磅。

(12) 保存文件。

实训 10　制作企业文化宣传单

如图 5-66 所示，利用自绘图形、图片、艺术字和文本框等制作企业文化宣传单。

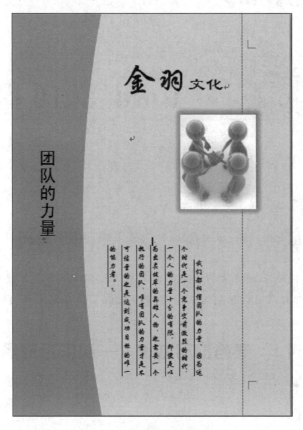

图 5-66　企业文化宣传单

（1）新建 Word 文档，以"企业文化宣传单"为名保存文档。

（2）绘制一个"新月形"，填充图形颜色、调整其大小后，放置在页面左侧位置。

（3）插入文本框，编辑文本"团队的力量"，叠放在新月形的上层。

（4）编辑艺术字"金羽""文化"，放置于页面上方。

（5）绘制一条虚线置于页面右侧。

（6）插入一张图片文件放置在图示位置。

（7）利用竖排文本框制作宣传单的主要内容，并将文本框线条颜色设置为"无线条颜色"。

（8）适当调整整个页面布局后保存文件。

项目

Word 2010 提高应用

 情景导入

　　小雪勤学上进,在小王师傅的指导下很快掌握了使用 Word 软件处理日常办公文档的基本方法和技能。她利用自己学到的技能,主动承担起了所在实习部门的文案编辑工作。

任务 1　文档的格式化——制作培训通知

一、任务目标

　　为提高公司各部门的办公效率,提升员工的计算机应用水平和实践能力,促进公司信息化建设的不断发展,公司经研究决定,举办计算机技能培训。在行政部实习的小雪承担了培训的相关工作,她利用 Word 软件顺利完成了培训通知的撰写、编辑、格式化等工作,效果如图 6-1 所示。

二、任务流程

新建、保存文档 → 设置页面格式 → 撰写通知 → 编辑通知 → 设置通知格式 → 制作公司图章 → 打印通知

三、相关知识

(一)添加边框和底纹

　　为文字或段落设置边框和底纹,可以突出文档中的内容,给人以深刻的印象,从而使文档更加漂亮、美观。

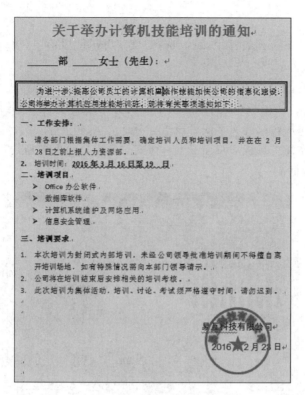

图 6-1　培训通知效果图

（1）添加边框。Word 2010 可以为选中的文字、段落添加边框，其操作步骤如下。

① 选中需要添加边框的文字或者段落。

② 选择页面布局。工具栏—页面设置—版式选项卡——边框按钮，打开如图 6-2 所示的"边框和底纹"对话框。

图 6-2　"边框和底纹"对话框

③ 选择"边框"选项卡，在"设置"栏中，选择一种边框样式；在"样式"列表中，选择边框线的线型；在"颜色"下拉列表框中，选择边框线的颜色；在"宽度"下拉列表框中，选择

边框线的宽度。

④ 在"应用于"下拉列表框中,可以选择"文字"或者"段落"选项,将设置的边框应用于选中的文字或段落。

⑤ 设置完成后,单击"确定"按钮。

(2) 添加底纹。Word 2010 可以为选中的文字、段落添加底纹,其操作步骤如下。

① 选中需要添加底纹的文字或者段落。

② 选择页面布局工具栏—页面设置—版式选项卡—边框按钮,打开如图 6-3 所示的"边框和底纹"对话框。

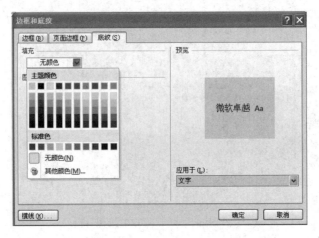

图 6-3 "底纹"选项卡

③ 选择"底纹"选项卡,如图 6-3 所示。在"填充"栏中,单击选择所需的颜色,如果没有合适的颜色,用户可以单击其他颜色按钮,打开如图 6-4 所示的"颜色"对话框,自行设置所需的颜色。

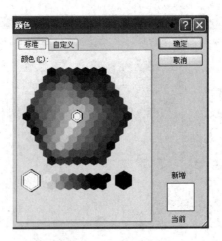

图 6-4 "颜色"对话框

④ 在"样式"下拉列表框中,选择底纹的填充样式。在"颜色"下拉列表框中,选择底纹图案中线和点的颜色。

⑤ 在"应用于"下拉列表框中可以选择"文字"或者"段落"选项,将设置的底纹应用于选中的文字或段落。

⑥ 设置完成后,单击"确定"按钮。

(二)组合图形

如果在 Word 中绘制了多个图形,排版时一般需要把这些简单的图形组合成一个对象整体操作。组合图形的操作如下。

(1) 选择需要组合的图形。按住 Shift 键的同时,逐个单击单个图形,选中所有的图形。

(2) 组合图形。右击选中图形,从快捷菜单中选择组合—组合命令。或者格式工具栏—排列—组合—组合命令。

四、任务实施

(一)新建并保存文档

(1) 启动 Word 2010 程序,新建空白文档"文档 1"。

(2) 创建的新文档以"计算机技能培训通知"为名,保存到"D:\易互科技有限公司\行政部"文件夹中。

(二)设置页面格式

(1) 选择页面布局工具栏。

(2) "纸张大小"设置为 A4,"纸张方向"设置为"纵向"。设置页边距时,选择"自定义边距"命令,弹出如图 6-5 所示的"页面设置"对话框,上、下边距分别为 2.54 厘米,左、右边距分别为 3.17 厘米。

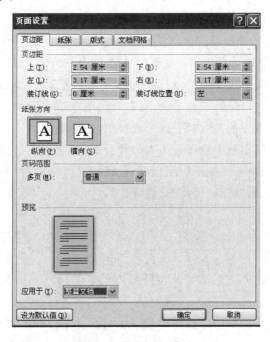

图 6-5 "页边距"设置

（三）撰写和编辑"通知"

（1）如图 6-6 所示，录入"通知"内容。

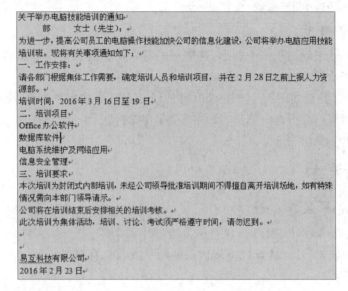

关于举办电脑技能培训的通知
　　部　　女士（先生）：
为进一步，提高公司员工的电脑操作技能加快公司的信息化建设，公司将举办电脑应用技能培训班。现将有关事项通知如下：
一、工作安排：
请各部门根据集体工作需要，确定培训人员和培训项目，并在 2 月 28 日之前上报人力资源部。
培训时间：2016 年 3 月 16 日至 19 日
二、培训项目
Office 办公软件
数据库软件
电脑系统维护及网络应用
信息安全管理
三、培训要求
本次培训为封闭式内部培训，未经公司领导批准培训期间不得擅自离开培训场地，如有特殊情况需向本部门领导请示。
公司将在培训结束后安排相关的培训考核。
此次培训为集体活动，培训、讨论、考试须严格遵守时间，请勿迟到。

易互科技有限公司
2016 年 2 月 23 日

图 6-6　"计算机技能培训通知"的内容

（2）在通知中插入下划线。由于公司需要具体邀请到某个部门的某人参加，要在通知的首行加入＿＿＿部＿＿＿女士（男士）的字样，需要在部和女士（男士）前分别加下划线。

① 用鼠标拖动选中在"部"前空开的一段空间。

② 单击开始工具栏上的"下划线"按钮。

③ 在女士（男士）前加下划线的方法同上。

（3）在通知中插入特殊符号。用户在创建文档时，有的符号是不能直接从键盘输入的，可以使用其他方法来插入，如在文档正文第一段"公司员工的计算机"后面插入符号 ▣。

① 将光标定位在文档正文的"公司员工的计算机"之后。

② 选择插入工具栏—符号—符号命令，打开如图 6-7 所示的"符号"对话框。

③ 在"符号"选项卡中的"字体"下拉列表框中，选择字体 Wingdings。

④ 在下方的符号列表框中选择要插入的符号 ▣，单击"插入"按钮。

⑤ 保存编辑后的文档，并关闭应用程序窗口。

（4）将文档中所有的"电脑"替换为"计算机"。

操作提示

在文档的编辑过程中，有时需要找出特定的文字进行统一的修改，可用"查找"和"替换"功能实现。

① 选择开始工具栏—编辑—替换命令，或者按 Ctrl＋H 组合键，打开"查找和替换"对话框，如图 6-8 所示。

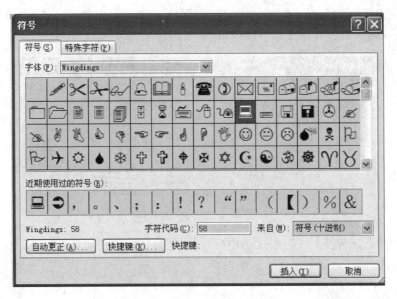

图 6-7 "符号"对话框

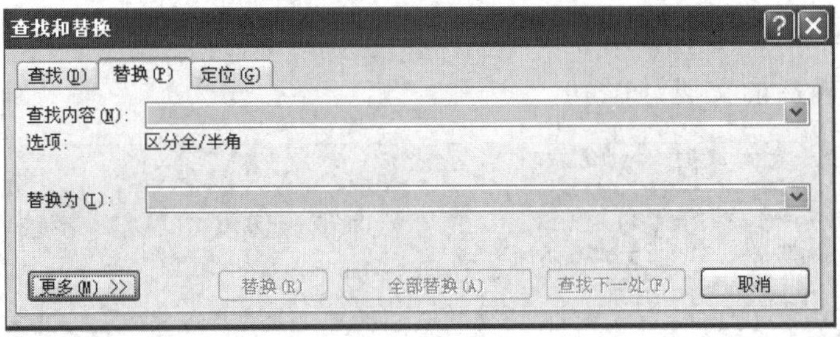

图 6-8 "查找和替换"对话框

操作提示

如果仅查找某个字符内容,可以使用"查找"选项卡实现;如果实现定位于某页,如定位于第 5 页,可使用"定位"选项卡实现,如图 6-9 所示。

图 6-9 "定位"选项卡

② 切换"替换"选项卡,在"查找内容"组合框中输入要查找的文本"电脑",在"替换为"组合框中输入要替换的文本"计算机",如图 6-10 所示。

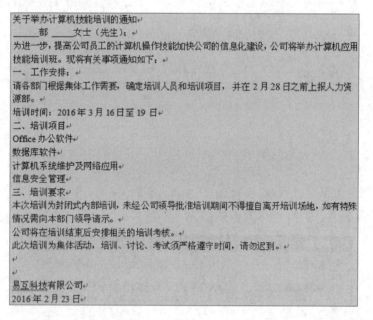

图 6-10　"替换"选项卡

③ 单击"全部替换"按钮,将文档中所有的"电脑"替换为"计算机"。

操作提示

替换时,既可以使用全部替换按钮一次性完成所有替换工作,也可以不断配合使用查找下一处和替换按钮,选择性地替换所需文本。

④ 保存编辑后的文档,如图 6-11 所示。

关于举办计算机技能培训的通知
　　　部　　　女士（先生）:
为进一步,提高公司员工的计算机操作技能加快公司的信息化建设,公司将举办计算机应用技能培训班。现将有关事项通知如下:
一、工作安排:
请各部门根据集体工作需要,确定培训人员和培训项目,并在 2 月 28 日之前上报人力资源部。
培训时间: 2016 年 3 月 16 日至 19 日
二、培训项目
Office 办公软件
数据库软件
计算机系统维护及网络应用
信息安全管理
三、培训要求
本次培训为封闭式内部培训,未经公司领导批准培训期间不得擅自离开培训场地,如有特殊情况需向本部门领导请示。
公司将在培训结束后安排相关的培训考核。
此次培训为集体活动,培训、讨论、考试须严格遵守时间,请勿迟到。

易互科技有限公司
2016 年 2 月 23 日

图 6-11　编辑后的文档

（四）设置"通知"格式

"通知"文档编辑完成后,通过字体、段落、项目符号和编号、边框和底纹、对齐等设置可对"通知"进行美化和修饰。

1. 设置标题格式

（1）设置标题的字体格式。

选中文档的标题，将字体格式设置为黑体、小一号、加粗、红色。

（2）设置标题的段落格式。

选中文档的标题段落，将标题段落的对齐方式设置为居中、段前和段后间距为1行。格式化的效果如图6-12所示。

关于举办计算机技能培训的通知

图6-12 标题格式化效果

2. 设置正文的格式

（1）设置正文字体格式。

选中正文第一段文字，设置字体为华文宋体、三号、加粗；选中正文"为进一步"到"请勿迟到"所有文字，设置正文字体为宋体、小四号。

（2）设置正文段落格式。

选中正文第一段文字段落，将第一段文字段落对齐方式设置为左对齐，段前为0.5行，段后为1行；选中"为进一步"到"请勿迟到"所有文字段落，段落行距设置为固定值20磅。

（3）设置正文第二段的格式。

① 首行缩进2字符。选中正文第二段"为进一步"到"通知如下："，选择开始工具栏—段落—特殊格式—首行缩进，度量值为"2字符"。

② 添加边框和底纹。选中第二自然段，选择页面布局里的页面设置命令，打开"页面设置"对话框，选择版式选项卡的"边框"按钮，打开"边框和底纹"的对话框，在设置中选择"方框"，样式选择"双线"，颜色为"蓝色"，宽度为"3.0磅"，应用于为"段落"，如图6-13所示。

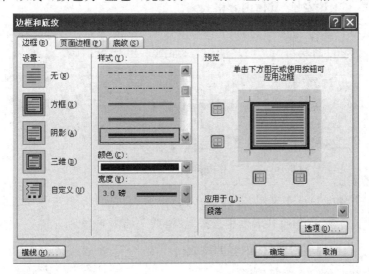

图6-13 设置边框

切换到"底纹"选项卡,如图 6-14 所示,设置"填充"为"灰色-10%",样式为"5%",应用于为"文字",单击"确定"按钮,设置后的效果如图 6-15 所示。

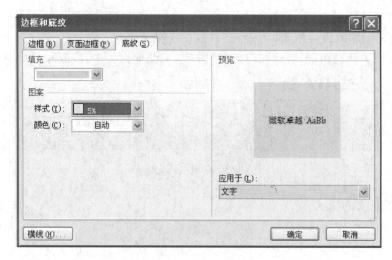

图 6-14　设置底纹

为进一步,提高公司员工的计算机操作技能加快公司的信息化建设,公司将举办计算机应用技能培训班。现将有关事项通知如下:

图 6-15　设置"边框和底纹"后的效果

3. 设置正文标题行的格式

设置标题行"一、工作安排"的字形为"加粗"、段前段后各 0.5 行间距,并采用格式刷复制到标题行"二、培训项目"和"三、培训要求"。

4. 设置"一、工作安排"具体内容格式

(1)添加项目编号。选中这部分的两个段落,单击开始工具栏—段落—编号按钮，这两段文字自动获得"1.""2."的编号,如图 6-16 所示。

一、工作安排:

1. 请各部门根据集体工作需要，确定培训人员和培训项目，并在 2 月 28 日之前上报人力资源部。
2. 培训时间: 2016 年 3 月 16 日至 19 日

图 6-16　"一、工作安排"具体内容格式化的效果图

(2)添加下划线。选中文本"2016 年 3 月 16 日至 19 日",单击开始工具栏—加粗按钮 **B** ,并在"下划线"的下拉列表框中选择"波浪线",如图 6-17 所示。

5. 设置"二、培训项目"具体内容的格式

(1)选中这部分的 4 个自然段。

图 6-17 添加下划线

（2）选择开始工具栏—段落—项目符号命令按钮 ∷ˇ 的下拉列表框，为选中的文本选择需要添加的项目符号 ➤，如图 6-18 所示。

图 6-18 "项目符号和编号"对话框

（3）为这 4 个自然段增加缩进量，单击按钮 ≢ 即可。

6. 设置"三、培训要求"具体内容的格式

方法同"一、工作安排"的具体添加项目编号一样。

7. 设置落款的格式

（1）选中落款处的两段文字。

（2）设置字体为宋体、四号字。

（3）单击开始工具栏—段落—右对齐按钮 ≡，实现落款的文字处于行的右侧。

（4）选中"易互科技有限公司"段落，在"段落"对话框中设置右缩进为"1.5 字符"，行距设置为"2 倍行距"，如图 6-19 所示。

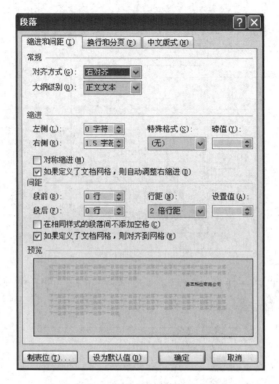

图 6-19　在"段落"对话框中设置

（五）制作公司图章

1. 绘制图章的外轮廓

（1）绘制圆形。将光标置于文档末尾的空白处，单击插入工具栏上形状的"椭圆形"按钮，把鼠标移到绘制的位置，当鼠标变成十字时，按住 Shift 键，在页面上画出一个如图 6-20 所示的圆形。

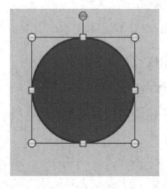

图 6-20　绘制的圆形

（2）设置圆形的格式。

① 右击图形，从弹出的快捷菜单中选择设置图片格式命令，打开"设置图片格式"对

话框。

　　② 单击"填充"选项卡，选择"无填充"，在"线条颜色"选项卡中，选择"红色"，将虚实设置为"实线"，在"线型"选项卡中，设置为 3 磅的单线，如图 6-21 所示。单击"关闭"按钮完成设置。完成后的效果图如图 6-22 所示。

图 6-21　设置自选图形格式

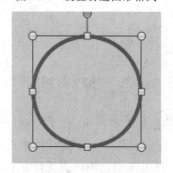

图 6-22　完成绘制圆形的效果图

2. 绘制图章文字

（1）添加艺术字文字。

　　① 选择艺术字样式。单击插入工具栏—文本—艺术字按钮，在"艺术字"下拉列表框中选择第 1 行第 3 列的样式。如图 6-23 所示，弹出"请在此放置您的文字"字样的文本框。

图 6-23　添加艺术字文字

② 编辑艺术字文字。在弹出的文本框中输入"易互科技有限公司",设置字体为"宋体",字号为 24。

（2）设置艺术字格式。

① 设置艺术字颜色。选中艺术字,分别将格式工具栏上的艺术字样式里的"文本填充"和"文本轮廓"都设置为红色。

② 设置艺术字的文字环绕方式。选中艺术字,选择格式工具栏上排列的"自动换行"下拉列表中浮于文字上方选项。

③ 调整艺术字环绕的弧度。选中艺术字,选择格式工具栏上的艺术字样式中的文本效果下拉列表转换中的跟随路径命令。

④ 调整艺术字的弧度,如图 6-24 所示,将文字移动至圆形内合适的位置,如图 6-25 所示。

图 6-24　调整好的艺术字

图 6-25　将艺术字移至圆形内

3. 添加图章五角星

（1）绘制五角星。

① 单击"插入"工具栏上的形状里的"星与旗帜"的"五角星"图案,鼠标指针变成十字形。

② 按住 Shift 键,同时按住鼠标左键拖曳,在文档窗口中画出一个正五角星。

（2）设置五角星的格式。选中五角星,分别利用"格式"工具栏上的"形状填充"和"形状轮廓"按钮,将五角星的线条和填充颜色均设置为红色。

（3）移动五角星的位置。将制作好的五角星移至圆形内的中央位置,如图 6-26 所示。

图 6-26　移动五角星位置

（4）组合图章组件。

① 按住 Shift 键，依次选中圆形、艺术字和五角星后，右击后在快捷菜单中选择组合命令或选择格式工具栏的排列中的组合命令。

② 移动图章的位置。将制作好的图章移至"通知"文档的落款处，如图 6-27 所示。

图 6-27　图章最终效果

（六）打印"通知"

"通知"文档编排完成后就可以准备打印了。在打印文档前，最好先使用打印预览功能来查看即将打印的文档效果，避免出现错误，造成纸张浪费，若满意后再将文档打印出来。

1. 打印预览

单击文件工具栏—打印命令，在窗口右侧可以预览要打印的内容，查看文档排版的效果，如图 6-28 所示。

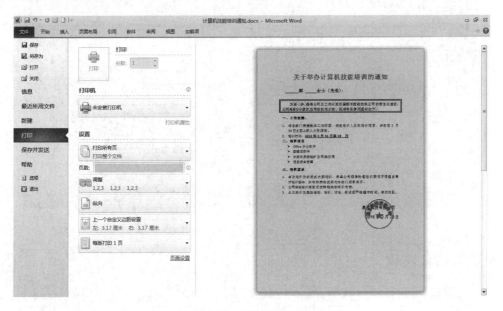

图 6-28　"打印"对话框

2. 打印

（1）如果需要打印1份全部文档，可直接在"快速访问工具栏"中单击"快速打印"命令按钮 🖶 。

（2）如果需要打印多份文档或部分文档，则选择文件工具栏中的打印命令，进行打印前的详细设置。

任务2 电子表格的格式化——制作个人简历

一、任务目标

随着毕业日期的临近，越来越多即将毕业的学生来到公司人力资源部应聘。面对激烈的竞争和众多的求职者，小雪深深地体会到这份不易，怎样才能帮助同自己有着相似经历的求职者，又能帮公司寻找到合适的人才呢？对，帮他们设计一份专业而个性的个人简历。于是，小雪凭借自己的经历和对 Word 软件的熟悉，制作了一份如图6-29所示的个人简历模板文件。

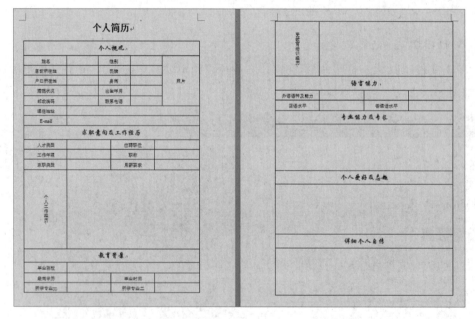

图 6-29 "个人简历"效果图

二、任务流程

新建并保存文档 → 输入表格标题 → 创建表格 → 编辑表格 → 设置表格格式 → 调整表格整体效果

三、相关知识

（一）竖排单元格文字

Word 表格每一个单元格都可以独立设置段落格式，只要选中并右击某一单元格，再选择"文字方向"，并在打开的"文字方向—表格单元格"对话框中选择一种排列方式即可。

（二）表格选定

（1）把光标移到表格内，单击菜单表格—选定，选择"选定"子菜单中的某一命令项，可选定整个表格、光标所在的列或行，以及光标所在的单元格。

（2）把鼠标移到 Word 表格的左上角，当变成十字箭头时，只要单击这十字箭头，则选定整个表格；鼠标移到某单元格之左，当鼠标变成实心的右向上黑箭头时，单击，则选定该单元格，若双击左键，则选定整行；整行的选定，也可把鼠标先移到所选行的最左，当变成空心右向上箭头时，单击左键。鼠标移到某列上，当鼠标变成实心的向下黑箭头时，单击，则选中该列。

（三）表格删除

选定了表格或某一部分后，单击菜单表格—删除，在"删除"子菜单中选择删除的项目（表格、列、行、单元格），并单击左键即可。需要注意的是，选定了表格或表格中的某一部分后，不能用 Del 键删除，因单击该键，删除的只是内部的字符，而表格不能删除。如果要删除表格，则要按下 Shift＋Del 组合键。

（四）利用"表格属性"设置表格的尺寸

在插入点位于表格某一单元格内时，单击右键，在快捷菜单中单击"表格属性"，单击"表格"标签，选定"尺寸"下面的"指定宽度"复选框，可设置表格宽度。单击"行"标签，选定"尺寸"下面的"指定高度"复选框，并与"上一行"或"下一行"按钮配合使用，可对表格的每一行设置高度。单击"列"标签，选定"尺寸"下面的"指定宽度"复选框，并与"前一列"或"后一列"按钮配合使用，可对表格的每一列设置宽度。

（五）调整对象对齐

先选定需要进行调整的列、行或某一单元格中的对象；右击，选择"单元格对齐方式"命令，并在打开的九种对齐方式中选择。如果需要分散对齐，在选定表格对象情况下，单击工具栏中的"分散对齐"按钮图标。

（六）表格与文字互相转化

1. 表格转化为文字

选中表格后，选择表格工具—布局—数据—转换成文本，这时弹出一个"表格转换成文本"对话框，再选择各列中需要以什么分隔符来分开各列，可以选择的是"段落标记""制表符""逗号"或者自己定义的"其他字符"，即可把表格转为文字。

2. 文字转化成表格

选中要转换的文字，选插入工具栏—表格—文字转换成表格，弹出一个"将文字转换成表格"对话框,再选择"段落标记""制表符""逗号""空格"或者自己定义的"其他字符"作为分隔符即可把文字转换成表格。

四、任务实施

(一) 新建并保存文档

(1) 启动 Word 2010 程序,新建一个空白文档。

(2) 将创建的新文档以"个人简历"为名,以"Word 模板(∗.dotx)"类型保存到"D:\易互科技有限公司\人力资源部"文件夹。

(二) 输入表格标题

(1) 在文档开始位置输入表格标题文字"个人简历"。

(2) 按 Enter 键换行。

(三) 创建表格

(1) 选择插入工具栏—表格—插入表格命令,打开"插入表格"对话框。

(2) 输入表格的行、列数。在如图 6-30 所示的"插入表格"对话框中,分别输入要创建的表格列数为"4",行数为"27"。

图 6-30　"插入表格"对话框

(3) 单击"确定"按钮,在文档中插入一个空白表格。

(四) 编辑表格

(1) 输入表格内容。在表格中输入如图 6-31 所示的内容。

个人概况			
姓名		性别	
目前所在地		民族	
户口所在地		身高	
婚姻状况		出生年月	
邮政编码		联系电话	
通信地址			
E-mail			
求职意向及工作经历			
人才类型		应聘职位	
工作年限		职称	
求职类型		月薪要求	
个人工作经历			
教育背景			
毕业院校			
最高学历		毕业时间	
所学专业一		所学专业二	
受教育培训经历			
语言能力			
外语语种及能力			
国语水平		普通话水平	
专业能力及专长			
个人爱好及志趣			
详细个人自传			

图 6-31　输入表格内容

（2）合并单元格。

① 选定表格第一行"个人概况"所在行的所有单元格,右击—合并单元格命令,将选定的单元格合并,如图 6-32 所示。

个人概况			
姓名		性别	
目前所在地		民族	

图 6-32　选定需合并的区域并合并

② 同样,将"求职意向及工作经历""教育背景""语言能力""专业能力及专长""个人爱好及志趣"及"详细个人自传"所在的行进行相应的合并。

③ 分别将"专业能力及专长""个人爱好及志趣"及"详细个人自传"下面的行合并。

④ 将"通信地址"右侧的 3 个单元格合并为一个。同理,分别将"E-mail""个人工作经历""毕业院校""受教育培训经历"右侧的 3 个单元格合并为一个。合并后的表格如图 6-33 所示。

个人概况			
姓名		性别	
目前所在地		民族	
户口所在地		身高	
婚姻状况		出生年月	
邮政编码		联系电话	
通信地址			
E-mail			
求职意向及工作经历			
人才类型		应聘职位	
工作年限		职称	
求职类型		月薪要求	
个人工作经历			
教育背景			
毕业院校			
最高学历		毕业时间	
所学专业一		所学专业二	
受教育培训经历			
语言能力			
外语语种及能力			
国语水平		普通话水平	
专业能力及专长			
个人爱好及志趣			
详细个人自传			

图 6-33　合并处理后的效果图

（3）拆分单元格。

① 选定如图 6-34 所示的单元格区域。

② 选择表格工具—布局—合并—拆分单元格命令,打开如图 6-35 所示的"拆分单元格"对话框,在对话框中设置列数为"2",行数为"5"。

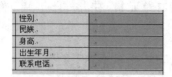

图 6-34 选定需要拆分的单元格　　　图 6-35 "拆分单元格"对话框

③ 拆分后的单元格如图 6-36 所示,再将如图 6-37 所示的选定区域合并,并在合并后的单元格中输入文字"照片"。

图 6-36 拆分后的表格　　　　　图 6-37 选定要合并的区域

(五) 设置表格格式

1. 设置表格的行高

(1) 选定整个表格。

(2) 选择表格工具—布局—表—属性命令,打开如图 6-38 所示的"表格属性"对话框。

图 6-38 "表格属性"对话框

(3) 在"表格属性"对话框中选择"行"选项卡,选中"指定高度"选项,将行高设置为"0.8 厘米",如图 6-39 所示。

图 6-39 设置表格行高

2. 设置表格标题格式

选中表格标题"个人简历",将其格式设置为"宋体""二号""加粗""居中"段后间距1行。

3. 设置表格内文字格式

(1) 选中整张表格,将表格内所有文字的对齐方式设置为"水平居中"。

(2) 选中表格中的"个人概况"单元格,将字体设置为"华文行楷",字号设置为"三号""居中"。

(3) 为该单元格添加底纹。单击页面布局—页面设置—版式选项卡—边框按钮,弹出"边框和底纹"对话框,选择"底纹"选项卡,设置单元格底纹填充为"灰色-10%",效果如图 6-40 所示。

个人概况				
姓名		性别		
目前所在地		民族		
户口所在地		身高		照片
婚姻状况		出生年月		
邮政编码		联系电话		

图 6-40 设置字体和底纹

(4) 用同样的方法设置"求职意向及工作经历""教育背景""语言能力""专业能力及专长""个人爱好及志趣"及"详细个人自传"所在的单元格的字体和底纹,或者利用格式刷功能完成任务。

4．设置文字方向

（1）选定"个人工作经历"单元格。

（2）选择表格工具—布局—对齐方式—文字方向命令，即可设置水平文字方向与垂直文字方向的转换。

（3）用同样的方法处理"受教育培训经历"单元格的文字方向。

5．设置表格边框

（1）选中整个表格。

（2）单击页面布局—页面设置—版式选项卡—边框按钮，弹出"边框和底纹"对话框，选择"边框"选项卡，将表格边框设置为外边框1.5磅、内框线0.75磅，如图6-41所示。

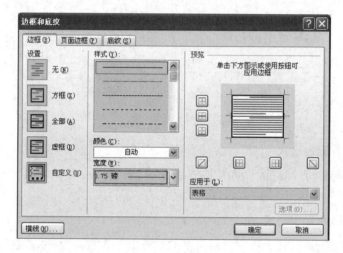

图 6-41　边框设置

（六）调整表格整体效果

（1）调整部分单元格的行高和列宽。

① 将"个人工作经历"单元格的行高和列宽调整为如图6-42所示的效果，使其刚好容纳竖排文字。

工作年限		职称	
求职类型		月薪要求	
个人工作经历			

图 6-42　调整单元格行高和列宽

② 用同样的方法处理"受教育培训经历"单元格格式。

（2）根据单元格中文本的实际情况，适当对整个表格做一些调整，一份专业且个性的简历模板就完成了。

实训11 制作公司活动策划方案

如图 6-43 所示，制作公司活动策划方案。

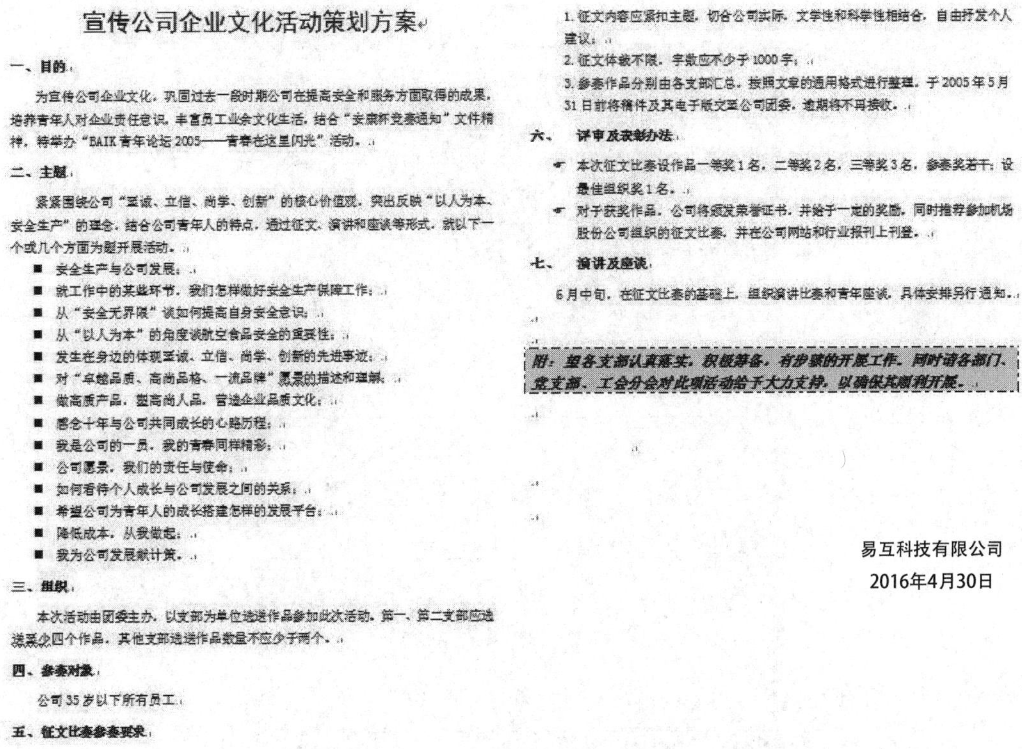

宣传公司企业文化活动策划方案

一、目的

为宣传公司企业文化，巩固过去一段时期公司在提高安全和服务方面取得的成果，培养青年人对企业责任意识，丰富员工业余文化生活，结合"安鹰杯党委通知"文件精神，特举办"BAIK青年论坛 2005——青春在这里闪光"活动。

二、主题

紧紧围绕公司"至诚、立信、尚学、创新"的核心价值观，突出反映"以人为本、安全生产"的理念，结合公司青年人的特点，通过征文、演讲和座谈等形式，就以下一个或几个方面为题开展活动。

■ 安全生产与公司发展。
■ 就工作中的某些环节，我们怎样做好安全生产保障工作。
■ 从"安全无界限"谈如何提高自身安全意识。
■ 从"以人为本"的角度谈航空食品安全的重要性。
■ 发生在身边的体现至诚、立信、尚学、创新的先进事迹。
■ 对"卓越品质、高尚品味、一流品牌"愿景的描述和理解。
■ 做高质产品，塑高尚品人，营造企业品质文化。
■ 感念十年与公司共同成长的心路历程。
■ 我是公司的一员，我的青春同样精彩。
■ 公司愿景，我们的责任与使命。
■ 如何看待个人成长与公司发展之间的关系。
■ 希望公司为青年人的成长搭建怎样的发展平台。
■ 降低成本，从我做起。
■ 我为公司发展献计献策。

三、组织

本次活动由团委主办，以支部为单位选送作品参加此次活动。第一、第二支部应选送某少四个作品，其他支部选送作品数量不应少于两个。

四、参赛对象

公司 35 岁以下所有员工。

五、征文比赛参赛要求

1. 征文内容应紧扣主题，切合公司实际，文学性和科学性相结合，自由抒发个人建议。
2. 征文体裁不限，字数应不少于 1000 字。
3. 参赛作品分别由各支部汇总，按照文章的通用格式进行整理，于 2005 年 5 月 31 日前将稿件及其电子版文至公司团委，逾期将不再接收。

六、评审及表彰办法

☛ 本次征文比赛设作品一等奖 1 名，二等奖 2 名，三等奖 3 名，参赛奖若干；设最佳组织奖 1 名。
☛ 对于获奖作品，公司将颁发荣誉证书，并给予一定的奖励，同时推荐参加机场股份公司组织的征文比赛，并在公司网站和行业报刊上刊登。

七、演讲及座谈

6 月中旬，在征文比赛的基础上，组织演讲比赛和青年座谈，具体安排另行通知。

附：望各支部认真落实，积极筹备，有步骤的开展工作，同时请各部门、党支部、工会分会对此项活动给予大力支持，以确保其顺利开展。

易互科技有限公司
2016年4月30日

图 6-43 公司企业文化活动策划方案

（1）新建 Word 文档，以"宣传公司企业文化活动策划方案"为名保存文档。

（2）录入和编辑策划方案文本。

（3）设置页面格式。将页面的纸张大小设置为 A4，页边距为上 2.5 厘米、下 2.3 厘米、左 2.8 厘米、右 2.3 厘米。

（4）设置标题格式为黑体、二号、居中、段后间距 12 磅。

（5）将正文的格式设置为宋体、小四，行距为固定值 20 磅。设置正文的 2、4、6、8、14 段首行缩进 2 个字符。

（6）设置正文的标题行字体加粗，段前、段后各 0.5 行间距。

（7）将标题行二、六下方的各项内容添加项目符号，标题行五下方的内容添加编号。

（8）将附录部分字体设置为宋体、四号、加粗、倾斜，并添加如图 6-43 所示的边框和底纹。

（9）利用艺术字、椭圆和五角星分别制作易互科技有限公司工会图章，并将图章叠放在落款处。

（10）保存文件。

实训 12　制作员工档案表

如图 6-44 所示，制作公司员工档案表。

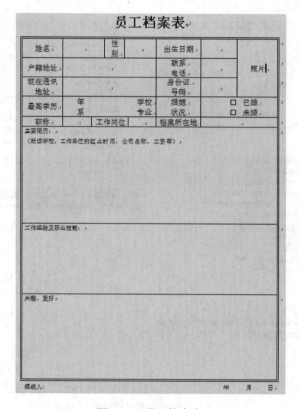

图 6-44　员工档案表

（1）新建 Word 文档，以"员工档案表"为名保存文档。

（2）输入表格标题。

（3）创建一个 8 行 6 列的表格。

（4）如图 6-44 所示，对单元格进行合并和拆分。

（5）输入表格内容，并在表格下方输入"填表人：　　年　　月　　日"。

（6）设置表格标题格式为宋体、二号、加粗、居中、段后间距 0.5 行。

（7）设置表格中前 5 行的文本格式为宋体、小四号、水平居中，后 3 行文字为靠上两端对齐。为"婚姻状况"右侧单元格的文本添加项目符号。

（8）设置表格内框线为 0.25 磅的单实线，外框线为 0.5 磅的双窄线。

（9）如图 6-44 所示，适当调整表格的行高和列宽。

（10）保存文件。

参 考 文 献

[1] 马可淳.文字录入与编辑立体化教程[M].北京：人民邮电出版社,2014.

[2] 赖利君,赵守利.Word 2003 项目教程[M].北京：人民邮电出版社,2012.

[3] 常林虎.新世纪五笔字型输入法[M].北京：机械工业出版社,2010.

[4] 五笔教学研究组.五笔字型标准教程[M].北京：机械工业出版社,2014.

[5] 卓文.五笔字型学易通[M].上海：上海科学普及出版社,2009.

[6] 王菁.Word 2007/2010 办公应用从新手到高手[M].北京：清华大学出版社,2013.

[7] 马九克.Word 2003 在教学中的深度应用[M].上海：华东师范大学出版社,2010.

[8] 张帆,杨海鹏.中文版 Word 2010 文档处理实用教程[M].北京：清华大学出版社,2014.

[9] 尚晓新.Word 2007 入门与应用[M].北京：中国劳动社会保障出版社,2011.

[10] 蔡燕.Word 2010 实用教程[M].北京：电子工业出版社,2014.